BusinessVillage

Lukas Meierhofer

Verkaufen heißt Verstehen

Den Kunden. Das Handwerk.
Sich selbst.

BusinessVillage

Lukas Meierhofer
Verkaufen heißt verstehen
Den Kunden. Das Handwerk. Sich selbst.
3. Auflage 2018

Bestellnummern
ISBN 978-3-86980-418-7 (Druckausgabe)
ISBN 978-3-86980-222-0 (E-Book, PDF)

Direktbezug www.BusinessVillage.de/bl/1054

Bezugs- und Verlagsanschrift
BusinessVillage GmbH
Reinhäuser Landstraße 22
37083 Göttingen
Telefon: +49 (0)551 2099-100
Fax: +49 (0)551 2099-105
E-Mail: info@businessvillage.de
Web: www.businessvillage.de

Layout und Satz
Sabine Kempke

Druck und Bindung
www.booksfactory.de

Inhalt

Über den Autor 7

Vorwort 9

Einleitung 13

1. Wissen, Können, Einstellung – Die drei Säulen des Erfolges 19

2. Können: So gestalten Sie ein erfolgreiches Verkaufsgespräch 25

2.1 Systematik der Gesprächsführung 27
2.2 Phase der Aufmerksamkeit 32
2.3 Phase der Analyse 35
2.4 Phase des Angebots 43
2.5 Phase der Argumentation 55
2.6 Phase des Abschlusses 72
2.7 Vor- und Nachbereitung 99
2.8 Die Champions League der Gesprächsführung 104

3. Verkaufspsychologie: Menschen richtig erkennen und verstehen ... 119

3.1 Von der goldenen Regel zur Platinregel 120
3.2 Persönlichkeits-Modelle zur Unterscheidung menschlichen Verhaltens 121
3.3 Das INSIGHTS-Modell – Mein Favorit für den Einsatz im Verkauf 123
3.4 So nutzen Sie die INSIGHTS-Typologie 126
3.5 Was für ein Typ sind Sie? 133
3.6 Fazit 136

4. Können: Gesprächstermine bekommen 137

4.1 Passen Sie auf, was Sie denken 139
4.2 Der Telefonburger: Struktur fürs schnelle Termingespräch 141
4.3 Es gibt nichts Gutes, außer man tut es 165

5. Wirksamkeit im Verkaufsprozess: Anfänger schreiben Angebote, Profis fassen nach 173

5.1 Timing beim Nachfassen – Wer zu spät kommt, den bestraft das Leben 176
5.2 Der Telefonburger beim Nachfassen 177

6. Selbstmanagement: Erfolg durch Fokus 207

6.1 Die Kundenklassifizierung für einen besseren Blick auf Ihre Kundenstruktur 211
6.2 Die Gestaltung des Arbeitstages nach Wichtigkeit statt Dringlichkeit 219
6.3 Das Finden und Verfolgen von persönlichen Zielen 228

7. Einstellung: So denken Top-Verkäufer 233

7.1 Die Macht der Gedanken 234
7.2 Das Erfolgsrad 238
7.3 Komfort-, Lern- und Panikzone 242
7.4 Grundwerte von Top-Verkäufern 246
7.5 Fazit 248

Literaturverzeichnis 249

Über den Autor

Dr. Lukas Meierhofer studierte Volks- und Betriebswirtschaftslehre. Er blickt auf eine über sechzehnjährige Berufserfahrung in verschiedenen Verkaufs- und Führungsfunktionen in der Privatwirtschaft zurück. Seit 1999 ist er erfolgreich als selbstständiger Trainer und Coach im Bereich Verkauf und Führung tätig und Mitglied des internationalen IN*tem*-Netzwerkes.

Kontakt:
Web: www.meierhofer-partner.ch
E-Mail: lukas@meierhofer-partner.ch

Vorwort

Das Thema Verkauf hat mich bereits in meiner Jugend gepackt. Obwohl ich selbst damals wohl eher ein Anti-Verkäufer war. Geprägt durch die 1968er-Bewegung war ich gesellschaftskritisch und äußerst freiheitsliebend. Trotzdem: Gute Verkäufer haben mich immer begeistert und fasziniert.

Nach dem Studium wollte ich ursprünglich in den Verkauf. Dann kam es anders: Ich begann meine Berufslaufbahn als Führungs- und Kommunikationstrainer bei Sandoz (heute Teil von Novartis). In der Schulung war ich bereits während meiner Studienzeit tätig. Ich musste und wollte Geld dazuverdienen und konnte zuerst als Aushilfslehrer, später als Tutor (Hilfsassistent) und dann als Assistent mit Lehrauftrag am Betriebswirtschaftlichen Institut der Universität Basel unterrichten.

Nach 16-jähriger Berufserfahrung in verschiedenen Verkaufs- und Führungsfunktionen in der Privatwirtschaft habe ich mich 1999 als Trainer und Coach selbstständig gemacht. Von Anfang an war klar: Schwerpunkt meiner Tätigkeit wird das Thema Verkauf sein.

Die Anfangszeit meiner Selbstständigkeit war für mich sehr hart und fordernd. In Bezug auf die Akquisition hatte ich wenig Erfahrung. Die ersten Akquisitionstelefonate waren ein voller Misserfolg. Aber wie der Volksmund treffend sagt: „Was dich nicht umbringt, macht dich stark." Ich habe in dieser Zeit sehr viel gelernt. Der Erfolg kam schneller, als ich mir je erträumt hatte: Nach drei Monaten bekam ich die ersten Aufträge. Im ersten Jahr wurde das Minimalbudget bereits überschritten, ab dem zweiten Jahr war ich deutlich über dem Wunschbudget.

Wieso dieses Buch? Zum Thema Verkauf gibt es unzählige Bücher und eine Vielzahl von Schulungsangeboten. Trotzdem stellt man in der Praxis fest, dass nur wenige Verkäufer die bekannten Grundsätze tatsächlich leben und anwenden. Viele Verkäufer haben zwar Einiges zum Thema „Erfolgreich verkaufen" gehört, können dieses Wissen in der Praxis jedoch meist nur begrenzt umsetzen.

Mit diesem Buch soll ein Beitrag geleistet werden, die Diskrepanz zwischen Wissen und Anwendung zu beseitigen. Die Grundsätze und Empfehlungen für den Verkauf werden nicht nur erläutert, sondern anhand von Praxisbeispielen konkretisiert und veranschaulicht. Das Buch befasst sich mit den wichtigsten Grundsätzen und Aspekten. Es werden nicht unzählige Varianten aufgezeigt, sondern wir konzentrieren uns auf das Wesentliche. Getreu dem Grundsatz: So viel wie nötig, so wenig wie möglich! Ich bin überzeugt: Wer diese Punkte beherrscht und umsetzt, ist oder wird ein Top-Verkäufer.

Im Rahmen meiner Coachings habe ich diverse Verkäufer live in der Praxis (am Telefon und beim Kunden) begleitet. Dabei konnte ich einige Fehler, welche in der Verkaufspraxis gemacht werden, erleben und erkennen. Die wichtigsten Stolpersteine im Verkauf werde ich erläutern und ich werde aufzeigen, wie diese zu vermeiden sind.

An dieser Stelle möchte ich mich auch bedanken. Zuerst bei all den Verkäufern, die ich in meinen Verkaufstrainings und -coachings begleiten konnte: Ich habe dabei viel gelernt und wertvolle Erfahrungen gesammelt. Mein Dank geht auch an die IN*tem*-Trainergruppe, speziell an Helmut und Marion Seßler. In der IN*tem*-Ausbildung zum Verkaufstrainer und in vielen Weiterbildungen, wie zum Beispiel zum NLP Practitioner DVNLP, der INSIGHTS MDI Akkreditierung (mit Frank M. Scheelen) und Limbic Sales (zusammen mit Dr. Hans-Georg Häusel) habe ich sehr wertvolle und praxisbezogene Grundlagen erhalten. Der größte Dank gebührt meiner Ehefrau Sibil. Sie ist mein persönlicher Coach, der mich seit vielen Jahren begleitet und unterstützt.

Zürich, März 2013

Lukas Meierhofer

Einleitung

Verkauf ist faszinierend – finden Sie auch? Sind Sie neu in den Verkauf eingestiegen und wollen Sie von den Erkenntnissen und Empfehlungen erfahrener und erfolgreicher Verkäufer profitieren? Oder sind Sie schon länger als Verkäufer tätig und wollen Ihre heutigen Verkaufsgewohnheiten überprüfen, um (noch) besser zu werden? Vielleicht sind Sie gar nicht im klassischen Verkauf tätig, haben jedoch erkannt, dass das ganze Leben irgendwie mit Verkauf zu tun hat? Wie auch immer Ihre Motivation aussieht: Sie werden von diesem Buch profitieren!

Was hat verkaufen mit verstehen zu tun? Ein berühmtes Zitat von Henry Ford lautet: *„Das Geheimnis des Erfolgs ist, den Standpunkt des anderen zu verstehen."* Nur wenn Sie die Situation, den Bedarf und die Bedürfnisse Ihres Kunden verstehen, können Sie ihm das Richtige anbieten. Das ist die Voraussetzung, um dem Kunden etwas zu verkaufen und eine nachhaltige Beziehung aufzubauen. Im Vordergrund des Buches stehen nicht einmalige Verkäufe (zum Beispiel nach dem Motto: Egal wie, Hauptsache es ist verkauft), sondern der Aufbau langjähriger und wiederkehrender Kundenbeziehungen.

Um den Standpunkt des Kunden zu verstehen, müssen Sie das Handwerk beherrschen – nicht nur fachlich, sondern vor allem verkäuferisch. Die Verkaufstechnik allein genügt dabei nicht. Entscheidend sind Verkaufspsychologie und Selbstmanagement. Zwei Komponenten, welche Top-Verkäufer verinnerlicht haben und beherrschen, an denen aber Durchschnittsverkäufer regelmäßig scheitern.

Verkaufen ist für viele Menschen mit negativen Gefühlen verbunden: „Verkäufer versuchen Kunden zu überreden, sprechen nur von positiven Aspekten, verschweigen Risiken und Gefahren und ziehen Kunden, wenn es für den Verkaufsabschluss nötig ist, förmlich über den Tisch. Das erreichen sie durch den Einsatz raffinierter Verkaufstechniken und -tricks, mit denen sie Kunden manipulieren."

Wie in jedem Beruf gibt es auch unter Verkäufern schwarze Schafe, welche dem Kunden auch etwas verkaufen, das er nicht brauchen kann beziehungsweise nicht den versprochenen Zweck erfüllt. Diese Art von Verkaufen wollen wir nicht. Wenn wir dem Kunden etwas vorschlagen und verkaufen, dann muss das Produkt für seine Situation passen und funktionieren. Nur so können wir dem Kunden weiterhin in die Augen schauen und wieder bei ihm vorbeigehen. Und wenn wir wissen, dass unser Angebot für den Kunden und seine Situation richtig ist, wollen und können wir ihn davon überzeugen. Skeptische Kunden, die unser Produkt nicht kennen oder noch nie ausprobiert haben, müssen wir vielleicht manchmal zur Kaufentscheidung führen (also ihnen zu ihrem Glück verhelfen), damit sie die Vorteile unserer Produkte überhaupt erkennen können.

Wie ist dieses Buch aufgebaut?

Als Einstieg befassen wir uns mit den drei Säulen des Erfolgs und erkennen anhand der Eigenschaften von Top-Verkäufern, was im Verkauf wirklich entscheidend ist.

In Kapitel 2 geht es um die Gesprächsführung beim Kunden: Wie ist ein Beratungs- und Verkaufsgespräch aufgebaut? Welche Grundsätze sind für den Verkaufserfolg entscheidend? Welche Fallstricke gibt es? Was gilt es zu vermeiden? In diesem Kapitel behandeln wir zuerst die wichtigsten Grundsätze einer erfolgreichen Gesprächsführung im Verkauf. Darauf aufbauend befassen wir uns mit dem entscheidenden Schritt auf dem Weg zum Top-Verkäufer: Mit der Champions League der Gesprächsführung!

Nicht alle Kunden denken und funktionieren gleich. Was sind die wichtigsten Grundtypen? Welche Eigenheiten haben sie und wie muss die Gesprächsführung jeweils angepasst werden? Was für ein Verkäufer-Typ sind Sie selbst? Welches sind Ihre Stärken, aber auch Ihre persönlichen Schwächen und Gefahren? Diese Fragen beschäftigen uns in Kapitel 3.

Bevor wir ein Kundengespräch führen können, brauchen wir in der Regel einen Termin. Bei bestehenden Kundenbeziehungen ist dies relativ einfach. Ganz anders, wenn wir neue Kundenkontakte aufbauen wollen beziehungsweise müssen. Im vierten Kapitel lernen Sie die wichtigsten Grundsätze für eine erfolgreiche Terminvereinbarung am Telefon kennen und nutzen.

In vielen Branchen und Verkaufssituationen will der Kunde nach dem Kontakt- und Beratungsgespräch ein schriftliches Angebot. Oder er schickt eine konkrete Anfrage für ein entsprechendes Angebot. Die Erfahrung zeigt, dass durch ein konsequentes (und geschicktes) Nachfassen die Angebotserfolgsquote um über 20 Prozent verbessert wird. Dies ist Thema von Kapitel 5.

Wenn Sie ein Top-Verkäufer werden wollen, wird früher oder später Ihr Selbstmanagement und Ihre Arbeitstechnik entscheidend. Nur mit einer effektiven und effizienten Arbeitsweise können Sie den Verkaufserfolg so weit steigern, dass Sie sich von einem durchschnittlich erfolgreichen Verkäufer abheben. Im Kapitel 6 erfahren Sie, wie das möglich ist.

Erfolg beginnt im Kopf! Dies gilt auch im Verkauf. In jedem Kapitel dieses Buches erfahren Sie, mit welchen Glaubens- und Überzeugungssätzen sich durchschnittliche Verkäufer selbst blockieren. Wichtig ist, dass Sie Ihre eigenen blockierenden und hemmenden Glaubens- und Überzeugungssätze erkennen und verändern. Je mehr Sie daran arbeiten, umso größer werden Ihre Erfolgschancen. Der siebte und letzte Teil des Buches ist eine Zusammenfassung und Vertiefung der zentralen Aspekte und Grundsätze in Bezug auf den mentalen Erfolgsfaktor.

Wie nutzen Sie dieses Buch auf Ihrem Weg zum Top-Verkäufer? In den verschiedenen Kapiteln lernen Sie die wichtigsten Grundsätze und Empfehlungen kennen, um im Verkauf (noch) erfolgreicher zu werden. Wissen alleine genügt jedoch nicht. Entscheidend ist das Umsetzen.

Es gibt nichts Gutes, außer man tut es!

Erich Kästner

Wenn Sie diese Grundsätze und Empfehlungen in Ihrer eigenen Verkaufstätigkeit (auf Ihre ganz persönliche Art) anwenden und leben, werden Sie zum Top-Verkäufer. Packen Sie an, wagen Sie etwas Neues, sammeln Sie Erfahrungen. Freuen Sie sich an Erfolgen und lernen Sie aus Misserfolgen. Versuchen Sie sich laufend weiterzuentwickeln und immer besser zu werden. Gehen Sie dieses Buch (beziehungsweise Teile davon) immer wieder periodisch durch und überprüfen Sie bei sich selbst, wie viel Sie davon bereits umsetzen und in welcher Beziehung Sie noch weiteres Verbesserungspotenzial haben. Wenn Sie dies beharrlich, motiviert und systematisch tun, sind Sie auf Ihrem Weg zum Top-Verkäufer!

1.

Wissen, Können, Einstellung – Die drei Säulen des Erfolges

In meinem Basistraining zum Thema „Erfolgreich verkaufen" stelle ich den Teilnehmern beim Einstieg folgende Frage: Was sind Eigenschaften, Merkmale, Verhaltensweisen eines Top-Verkäufers?

Typische Antworten sind:

- Kompetent
- Sympathisch
- Selbstbewusst
- Zielorientiert
- Flexibel
- Erfolgshungrig
- Guter Zuhörer
- Hartnäckig
- Freundlich
- Interessiert
- Offen für Neues
- Selbstsicher
- Kann sich in Lage des Kunden versetzen
- Motiviert
- Systematische Arbeitsweise
- Abschlussstark
- Kommunikativ
- Positive Grundeinstellung

Die genannten Eigenschaften können natürlich gruppiert werden. Zum Beispiel mit dem klassischen Drei-Säulen-Modell des Erfolgs:

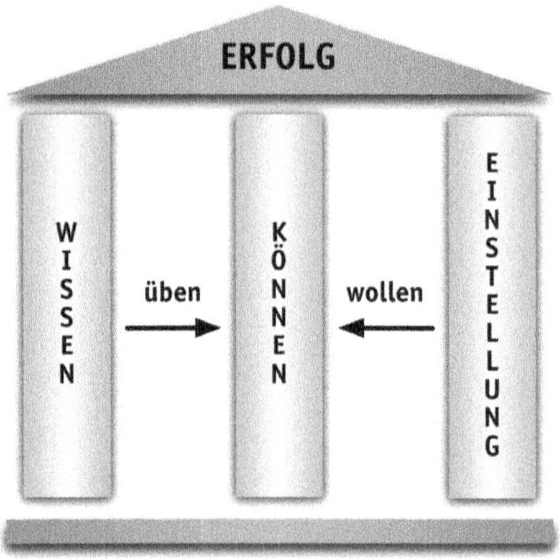

Abbildung 1: Die drei Säulen des Erfolgs

Die Säulen des Erfolgs sind Wissen, Können und Einstellung. Diese drei Säulen sind natürlich nicht völlig unabhängig voneinander, sondern vernetzt. Um vom Wissen zum Können zu gelangen, gilt es zu üben. Nicht umsonst sagt der Volksmund: Übung macht den Meister. Und damit man etwas versucht und wagt (und damit übt), muss man wollen. Dazu braucht es die entsprechende Einstellung.

Welche Säule ist die wichtigste?

Oben haben wir die typischen Eigenschaften von Top-Verkäufern aufgelistet. Nun können wir diese Attribute den drei Säulen zuordnen und jede Zuordnung mit einem Kreuz markieren. Dabei können jeweils eine, zwei oder alle drei Säulen infrage kommen, meist jedoch werden nur eine oder zwei zutreffen. Wenn wir die genannten Eigenschaften von Top-Verkäufern den drei Säulen zuordnen, zeigt sich, dass die Säulen „Können" und „Einstellung" mehr Kreuze bekommen als das Wissen und auch im Verkauf eine Erfolgssäule klar im Vordergrund steht: Die Einstellung!

Aber aufgepasst: Das heißt jetzt nicht, dass die anderen beiden Säulen unwichtig sind. Es braucht ebenso Wissen und Können. Ohne geht es nicht. Ein Mindestmaß an Wissen und Können ist Voraussetzung, damit jemand im Verkauf überhaupt einen Job bekommen und vor allem auch hinreichend erfolgreich ausüben kann.

In Bezug auf Wissen und Können steht das verkäuferische Handwerk und die Verkaufspsychologie im Vordergrund und weniger das Produktwissen und die Anwendungstechnik. Denn Fachwissen alleine ist, wie der 2012 verstorbene Trainerkollege Jan Sentürk in seinen Hörbüchern gerne betonte, uninteressant. Es ist lediglich eine Grundvoraussetzung, welche für den Verkaufserfolg aber noch nicht hinreichend ist (Sentürk 2008).

Ich gehe mit voller Überzeugung noch einen Schritt weiter. Sehr gutes Fachwissen kann sogar gefährlich und für den Verkaufserfolg hinderlich sein, wenn dieses Wissen falsch eingesetzt wird!

Verkäufer mit einer ausgeprägten und umfassenden Fachkompetenz neigen oft dazu, beim Kunden ihr Wissen auszubreiten und damit punkten zu wollen. Damit ist die Gefahr groß, dass der Verkäufer viel zu viel redet und sich in den Details verliert. Im Extremfall wirkt er belehrend und rechthaberisch. Alles Verhaltensweisen, die den Aufbau einer vertrauensvollen Gesprächsatmosphäre erschweren und die Bedarfs- und Bedürfnisklärung sowie das Finden und Nutzen von Verkaufschancen behindern beziehungsweise sogar verunmöglichen.

Top-Verkäufer hingegen konzentrieren sich in Bezug auf das (Fach-, Produkt- und Anwendungs-)Wissen auf das Wesentliche. Dadurch verlieren sie sich nicht in den Details. Sie bleiben neugierig und wollen laufend dazulernen. Deshalb sind sie auch offen und interessiert. Im Verkaufsgespräch hören sie zu und fragen. Und lernen so in Bezug auf Fach- und Anwendungswissen täglich dazu, am meisten bei ihren Kunden!

In meinen Basistrainings für neue Außendienstmitarbeiter werde ich von jüngeren Verkäufern oft darauf angesprochen, dass ein Verkaufsgespräch mit einem Fachspezialisten eine Qual sei. „Wieso denn?“, frage ich dann. „Weil ich vieles, was der Kunde sagt, nicht verstehe und nicht mitreden kann“, wird geantwortet. „Ja, und was machst du dann in dieser Situation?“, frage ich weiter. „Möglichst wenig und ja nichts Falsches sagen, damit der Kunde nicht merkt, dass ich nicht Bescheid weiß.“

Diese Verhaltensweise ist zwar psychologisch verständlich, verkäuferisch aber völlig falsch. Kein Kunde nimmt es einem übel, wenn man nicht alles weiß. Sobald man fragt und sich interessiert, wird der Kunde uns gerne Auskunft geben und uns das Ganze erklären. Menschen (und damit auch Kunden!) fühlen sich geschmeichelt, wenn sich jemand für ihre Meinungen und Erfahrungen interessiert. Und wenn ich frage und gut zuhöre, lerne ich jedes Mal wieder dazu. Das ist nichts anderes als lernen „on the job".

Wie setzt man sein Fachwissen im Verkauf richtig ein?

Hier gilt
Ich nutze mein Wissen nicht offensiv, sondern defensiv!

Also nicht ständig erklären und reden, sondern das Wissen nutzen, um die Aussagen des Kunden beurteilen beziehungsweise gezielt Fragen stellen zu können. Ziel ist, die Kundensituation ganz genau zu verstehen. Und mit kompetenten und geschickten Fragen kann man den Kunden sogar dazu bringen, dass er heutige Schwierigkeiten beziehungsweise mögliche Chancen selbst erkennt.

Top-Verkäufer sind in Bezug auf das verkäuferische Können bereits überdurchschnittlich gut, wollen aber noch besser werden. Deshalb setzen sie sich mit Verkaufstechniken auseinander und sind offen für Neues und interessiert an Erfahrungen und Anregungen von anderen. Aus einem Verkaufstraining nehmen sie immer einige Punkte mit, die sie umsetzen wollen, um noch besser zu werden! Denn die wirklich guten Verkäufer sagen sich (bewusst oder unbewusst): ***Ich bin gut – aber ich kann und will noch besser werden!***

Und was sagen die schlechten Verkäufer nach einem Verkaufstraining? „Das Training war eine gute Auffrischung dessen, was wir bereits früher in Trainings gelernt haben, aber eigentlich nichts Neues." Im Unterschied zum eher selbstkritischen Spitzenverkäufer geben sie sich mit ihrem Status quo zufrieden und suchen nicht gezielt Wege, um (noch) besser zu werden.

2.
Können: So gestalten Sie ein erfolgreiches Verkaufsgespräch

Verkaufen hat meist mit persönlicher Kommunikation zu tun. Standardprodukte sind zwar teilweise nur per E-Mail und Internet verkaufbar. Bei erklärungsbedürftigen Produkten, maßgeschneiderten Angeboten, Systemlösungen, Anlage- und Investitionsgütern etc. werden der persönliche Kontakt und das persönliche Gespräch auch im Internet-Zeitalter weiterhin notwendig und entscheidend bleiben.

Auch bei erklärungsbedürftigen Produkten gibt es, neben dem Verkaufs- und Beratungsgespräch vor Ort, eine Vielzahl von Kundenkontakten per Telefon oder über das Internet. In der Regel sind mehrere (mündliche und schriftliche) Kontakte nötig, bis ein Verkauf zustande kommt. Aber auch in Zeiten digitaler Kommunikation ist es sehr wichtig und unumgänglich, die Grundstruktur eines erfolgreichen Verkaufsgesprächs zu verinnerlichen. Denn diese Gesprächsgrundsätze gelten für alle Formen des Kundenkontaktes und müssen entsprechend berücksichtigt werden.

Wie läuft ein typisches Verkaufs- und Beratungsgespräch ab? Was sind die wichtigsten Erfolgsgrundsätze? Welche Fehler oder Fallen sollte man in einem Verkaufsgespräch tunlichst vermeiden beziehungsweise verhindern? Mit diesen Fragen setzten wir uns nun intensiv auseinander.

Wie in der Kapitelüberschrift angesprochen, ist die Gesprächsführung primär eine Frage des Könnens, also der Verkaufstechnik. Wie das Modell der drei Säulen deutlich macht, wird das Können immer auch vom Wissen und der Einstellung beeinflusst. Auf diese Zusammenhänge werden wir gezielt eingehen, damit Sie diese erfolgsorientiert und richtig nutzen können.

2.1 Systematik der Gesprächsführung

In der Literatur gibt es eine Vielzahl verschiedener Vorschläge für die Strukturierung eines Verkaufsgesprächs. Der Klassiker ist die sogenannte AIDA-Formel, welche bereits im Jahre 1898 von E. St. Elmo Lewis entwickelt wurde:

Attention (= Aufmerksamkeit gewinnen)
Interest (= Interesse wecken)
Desire (= Wunsch beim Kunden aufbauen)
Action (= Abschluss tätigen)

Ein anderer Ansatz, welcher ebenfalls aus vier Phasen besteht, ist:

- Kontaktphase
- Bedarfsanalyse
- Angebotsphase
- Abschlussphase

Aus diesen einfachen Grundstrukturen haben sich weitere Varianten entwickelt, welche zusätzliche Stufen unterscheiden. Ein typisches Sechs-Stufen-Modell ist:

- Gesprächseröffnung
- Bedarfsermittlung
- Angebotsphase
- Einwandbehandlung
- Preisverhandlung
- Abschlussphase

Welches Modell ist nun richtig beziehungsweise besser geeignet? Wichtig ist, dass mit der Struktur das Verkaufsgespräch eine erfolgsorientierte Richtung erhält und dass die entscheidenden Elemente enthalten sind. Es geht nicht darum, irgendwie zum Abschluss zu kommen. Das Ziel ist immer, den für die Kundensituation passenden Abschluss zu finden. Das Sechs-Stufen-Modell ist in dieser Beziehung bereits sehr ausgereift. Die

Bedarfsanalyse wird als wichtige Phase der Gesprächsführung betont und ausgewiesen. Gefährlich finde ich einzig, dass die Preisverhandlung als eigene und zusätzliche Gesprächsphase betrachtet wird. Damit wird dem Preis ein zu starkes Gewicht gegeben und das Gespräch in die falsche Richtung gelenkt: Preisdiskussionen sind vorprogrammiert. Klar ist der Preis im Verkauf ein Thema. Aber nicht zwangsläufig und nicht immer im selben Umfang!

In meinen Verkaufstrainings arbeite ich in Bezug auf die Gesprächsführung mit folgendem Fünf-Phasen-Schema:

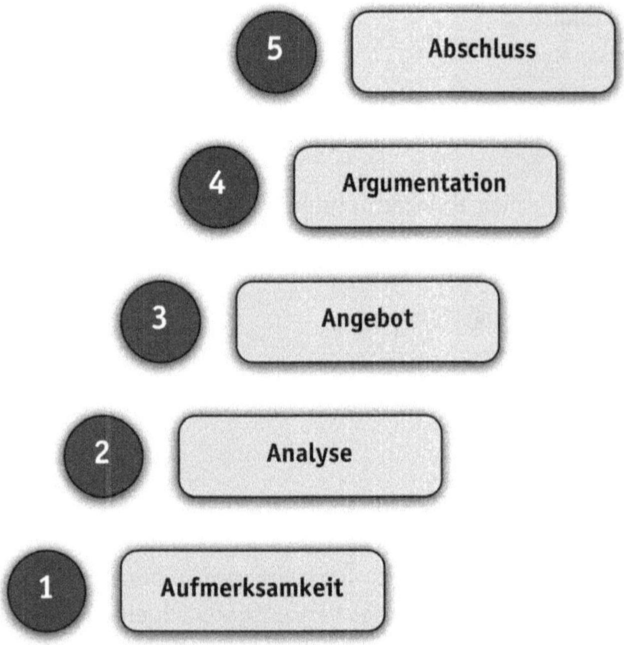

Abbildung 2: Das Fünf-Phasen-Schema der Gesprächsführung (Quelle: Eigene Darstellung in Anlehnung an IN*tem* Mannheim)

Ein Verkaufs- und Beratungsgespräch beginnt immer mit der Phase der Aufmerksamkeit, der letzte Schritt ist der Abschluss. Bildlich wollen wir mit der Darstellung in Abbildung 2 deutlich machen, dass die Gesprächsführung einer Treppe entspricht. Der Treppe zum Gesprächserfolg!

Je nach Gespräch sind die einzelnen Phasen unterschiedlich intensiv und lang. In vielen Branchen sind meist mehrere Gespräche nötig, bis es zu einem Verkaufsabschluss (einer Bestellung) kommt. Aber auch die Vorgespräche sollten mit einem Abschluss enden, nämlich in Bezug auf die Festlegung und Vereinbarung des nächsten Schrittes (wie geht es weiter?).

In einem Erstkontakt wird (beziehungsweise sollte) die Analysephase einen zeitlich größeren Anteil haben als in einem Folgekontakt, wo zum Beispiel das erstellte Angebot besprochen wird. Aber auch bei diesem Folgegespräch muss zuerst analysiert werden, wie der Kunde das Angebot beurteilt und welche Fragen oder Punkte noch offen sind, bevor man in die Detailpräsentation beziehungsweise in Verhandlungen einsteigt.

Die fünf Phasen gelten für das Gespräch beim (oder mit dem) Kunden. Natürlich gibt es noch die Vorbereitung (vor dem Gespräch) und die Nachbereitung (nach dem Gespräch). Dazu später mehr.

Die fünf Phasen der Gesprächsführung sind logisch und praktisch in jedem Verkaufsgespräch (mehr oder weniger) erkennbar. Ein Gespräch muss nicht immer chronologisch die Phasen durchlaufen. Je nach Situation kann die Reihenfolge der Gesprächsphasen variieren beziehungsweise werden gewisse Gesprächsphasen mehrmals durchlaufen. Entscheidend ist, dass Sie den roten Faden nicht verlieren und immer erkennen, in welcher Gesprächsphase Sie sich befinden, damit Sie Ihr Verhalten und das Gespräch richtig steuern können.

Wichtig ist, dass man bei einem Verkaufsgespräch nicht mit der Tür ins Haus fällt. Es braucht ein Warming-up, bevor man zur Sache kommt. Diese Phase der Aufmerksamkeit kann je nach Kundentyp unterschiedlich lang sein (mehr dazu in Kapitel 3).

Dass zuerst eine gewisse Gesprächsatmosphäre hergestellt werden muss, ist den meisten Verkäufern durchaus bewusst. Je nach Verkäufertyp versteht man darunter aber etwas anderes. Man neigt zum Beispiel dazu, viel Zeit für die Phase der Aufmerksamkeit zu verwenden beziehungsweise schnell zur Sache zu kommen. Wenn sich der Kunde als Menschentyp stark vom Verkäufer unterscheidet, ist dieses Vorgehen aber gefährlich beziehungsweise sogar kontraproduktiv.

Der typische (Anfänger-)Fehler Nr. 1 im Verkauf ist, dass man nach dem Einstieg (Phase der Aufmerksamkeit) die Analyse überspringt, zur Angebotsphase wechselt und sofort die Produkte (beziehungsweise Dienstleistungen) vorstellt und präsentiert. Gründe für dieses Verhalten können im Denken des Verkäufers liegen (ja keine Zeit verlieren, der Kunde muss doch zuerst wissen, was wir bieten) oder beim Kunden, welcher den Verkäufer dazu auffordert: „Was wollen Sie mir vorstellen?" beziehungsweise „Was wollen Sie mir verkaufen?"

Ohne Analyse können Sie aber gar nicht auf die konkrete Situation des Kunden eingehen. Wenn Sie auf die Analyse verzichten, ist die Gefahr sehr groß, dass Sie zu breit, ausführlich und allgemein argumentieren. Oder mit Ihren Ausführungen und Empfehlungen völlig danebenliegen, weil die Kundensituation ganz anders ist, als Sie sich vorgestellt haben. Wenn Sie nach der Phase der Aufmerksamkeit gleich loslegen, bleibt der Kunde zudem passiv in der Zuhörerrolle und sein Interesse kann sehr schnell sinken.

Mit der Phase der Analyse aktivieren und öffnen Sie den Kunden auf eine sehr einfache, natürliche Art und Weise. Zugleich erhalten Sie eine Vielzahl von wichtigen Informationen. Und je mehr Sie die Situation und den

Standpunkt des Kunden kennen, umso besser können Sie ihm auch konkrete Möglichkeiten aufzeigen, die er bei einer Zusammenarbeit mit Ihnen nutzen kann. Damit steigen Ihre Chancen auf einen positiven Abschluss deutlich.

Eine sorgfältige Analyse lohnt sich auch zeitlich. Je mehr Informationen Sie über den Kunden haben, umso mehr Zeit sparen Sie für die Phase des Angebots. Sie müssen nicht lange über alle Möglichkeiten reden, sondern Sie konzentrieren sich auf das, was in dieser Situation am interessantesten und passendsten ist.

Deshalb gilt

Kein Angebot (sprich Präsentation) ohne vorgängige Analyse (wie kurz oder lang auch immer)!

Die zweite Schwachstelle in der Gesprächsführung im Verkauf ist oft der Abschluss. Viele Verkäufer sind in dieser Phase zu wenig konkret und zielorientiert. Bewusst oder unbewusst meinen sie, dass die Beratung des Kunden genügt. „Wenn der Kunde die Möglichkeiten verstanden hat und alle Fragen beantwortet sind, wird er sich selbst entscheiden und früher oder später kaufen." Diese Haltung ist aber gefährlich und oft falsch: Viele Kunden haben Mühe, sich zu entscheiden. Auch wenn sie die Möglichkeiten und Vorteile erkennen, zögern sie mit der Kaufentscheidung. Dieses Zögern kann verschiedene Gründe haben. Zum einen könnte es ein ganz natürliches Reaktionsmuster und normales menschliches Verhalten sein. Denn Kaufen ist oft ein Weg zu etwas Neuem und Unbekanntem. Dies empfinden viele Menschen als große Hürde. In diesem Fall ist es wichtig, dass Sie dem Kunden helfen, den nächsten Schritt zu tun. Sonst besteht die Gefahr, dass der Kunde beim Gewohnten bleibt und das Gespräch und Ihre Beratung versandet.

Eine andere Möglichkeit ist natürlich, dass der Kunden die von Ihnen erhaltenen Informationen nutzen will, um Angebote von alternativen Lieferanten zu prüfen. Und wenn Sie Pech haben, kauft er dann dort.

In Bezug auf die Gesprächsführung gilt
Ich muss nicht nur beraten, sondern den Kunden auch zu einer (Kauf-)Entscheidung führen!

Schauen wir uns jetzt die einzelnen Gesprächsphasen etwas näher an.

2.2 Phase der Aufmerksamkeit

Der Gesprächseinstieg

In Abbildung 2 beginnt die Phase der Aufmerksamkeit bildlich gesprochen bereits mit dem untersten Strich: Dem ersten Eindruck! Damit kommen wir zu einem Klassiker der Verkaufsliteratur:

Der erste Eindruck ist der wichtigste!
Für Vieles gibt es eine zweite Chance, nur für etwas nicht: den ersten Eindruck!

Das sind bekannte Aussagen oder Sprüche. Aber nach wie vor sind sie absolut richtig und wichtig.

Deshalb
Ich zelebriere den Gesprächseinstieg und nutze die einmalige Chance des ersten Eindrucks!

„Zelebrieren" ist vielleicht etwas hochtrabend. Damit möchte ich aber deutlich machen, dass Sie sich bewusst auf den ersten Eindruck konzentrieren und diesen auch voll präsent leben müssen.

Für den ersten Eindruck beim Kunden sind die ersten Sekunden entscheidend. Die wichtigsten Faktoren sind Ihr Auftreten und Ihre Ausstrahlung: Wie kommen Sie daher? Wie sind Ihre Körperhaltung und Ihr Gesichtsausdruck? Und natürlich auch Ihre Kleidung. Hier gilt: Die Kleidung muss zur Situation und dem Kunden passen, aber immer gepflegt und sauber sein.

Damit Sie einen positiven ersten Eindruck machen, müssen Sie sich in einem guten Gemütszustand befinden. Hier hilft eine gute Vorbereitung auf das Gespräch. Wichtig ist auch das Zeitmanagement. Planen Sie Pufferzeiten ein, damit der vereinbarte Termin auch pünktlich eingehalten werden kann. Und damit Sie sich vor dem Gesprächstermin noch sammeln und konzentrieren können – für einen möglichst positiven ersten Eindruck!

Nicht nur der Kunde bekommt einen ersten Eindruck, sondern auch Sie vom Kunden! Wenn der Kunde offen und sympathisch wirkt, ist dies kein Problem. Was aber, wenn der Kunde abweisend, schnoddrig, unfreundlich, distanziert oder sehr (negativ wirkend) ungewöhnlich ist? In diesem Fall ist es wichtig, dass Sie trotzdem positiv bleiben. Ein spontan negatives Gefühl müssen Sie deshalb mit einem bewussten positiven Gedanken übersteuern: Jetzt bin ich gefordert! Oder: Bin gespannt, wie es weitergeht! Oder: Das wird ein interessantes Gespräch! Oder: ein spezieller Mensch!

Durch einen positiven ersten Eindruck können Sie den Kunden positiv stimmen und erreichen, dass er sich öffnet. Je schneller und je mehr der Kunde nach der Begrüßung redet, umso besser. Wenn Sie dem Kunden (ehrlich und natürlich) zulächeln und interessiert abwarten (und schweigen), beginnen die Kunden meist selbst zu sprechen. Nutzen Sie deshalb die Chance des ersten Eindrucks und zügeln Sie Ihren allfälligen Rededrang.

Deshalb
Nach der Begrüßung lasse ich den Kunden sprechen!

Interessewecker und Gesprächsaufhänger

Schwieriger wird es, wenn die Kunden distanziert und wortkarg sind oder Sie gleich zur Präsentation auffordern (Ich habe nur wenig Zeit: Was wollen Sie? Oder: Was wollen Sie mir verkaufen?).

Bei diesen Gesprächssituationen ist es wichtig, dass Sie sogenannte Aufhänger oder Interessewecker beherrschen. Das könnte zum Beispiel so klingen:

- Sie als Bodenleger müssen doch bei Sanierungen oft den schadhaften Untergrund zuerst ausbessern. Wenn es ein Material gäbe, welches sehr einfach in der Anwendung ist und nach zwei Stunden bereits belegt werden kann, wäre das interessant für Sie?
- Ernst Muster von der Firma Top AG hat mir empfohlen, Ihnen unser neues System Ultra vorzustellen. Er ist sehr begeistert von den Vorteilen und meint, dass dieses System auch für Sie von Interesse sein könnte.

Fundierte und zutreffende Aufhänger und Interessewecker sind Gold wert. Damit sind auch ablehnende und distanzierte Kunden plötzlich gesprächsbereit. Meist wollen sie sofort mehr zu dem Produkt oder System wissen.

Eine gute und umfassende Darstellung der zahlreichen möglichen Aufhänger und Interessewecker finden Sie bei Seßler (Seßler 2011: 123 ff.).

Überleitung zur Analyse

Wenn der Kunde nach Ihrem Interessewecker mehr wissen möchte, dürfen Sie nicht den Fehler machen, sofort mit einer ausführlichen Präsentation zu beginnen. Hier müssen Sie eine sogenannte „Überleitung zur Analyse" anwenden. Dazu zwei Beispiele:

- Damit ich mich kurz fassen kann und wir Zeit sparen, hätte ich vorher zuerst noch einige Fragen. Oder:
- Damit ich optimal auf Ihre Situation eingehen kann, brauche ich zuerst noch einige Informationen.

Auch auf die sehr direkte Aufforderung des Kunden zur Präsentation („Was wollen sie mir verkaufen?") gibt es einfache und geschickte Überleitungen. Ein Beispiel:

K: *Was wollen Sie mir verkaufen?*
V: *Das, was Sie brauchen können!*
K: *Und was kann ich brauchen?*
V: *Dazu muss ich zuerst mehr über Ihre konkrete Situation wissen.*

Mit diesen Überleitungen holen Sie sich die Akzeptanz des Kunden, um zuerst ein paar Fragen stellen zu können, also die Situation des Kunden näher zu analysieren.

2.3 Phase der Analyse

Fischen und Verkaufen – Eine Geschichte zum Einstieg

Um die Bedeutung und Notwendigkeit der Analyse bewusst zu machen, erzähle ich in meinen Verkaufstrainings gerne eine Geschichte:

Zwei Kollegen haben ein gemeinsames Hobby: Fischen. Auch dieses Jahr sind sie wieder eine Woche auf Mallorca. Sie wohnen am Hang und machen sich jeden Morgen mit Angel und Eimer auf ihren Weg zum Meer. Doch heute passiert etwas Seltsames. Sie sehen zwei jüngere Buben, welche ihnen entgegenkommen – mit Angel und Eimer! Komisch ... zum Fischen geht es doch in die andere Richtung. Die Kollegen gehen langsamer und beobachten. Die beiden einheimischen Buben beginnen Kieselsteine einzusammeln und bleiben vor einer Mauer stehen. Dahinter befindet sich ein stattliches Anwesen, eine Finca. Diese gehört Ausländern, welche selten vor Ort sind. Die Mauer umgibt und schützt das Anwesen. Vom Haus und Grundstück sieht man von der Straße nur das Dach.

Jetzt werfen die Buben Kieselsteine über die Mauer, einer nach dem anderen. Plötzlich ertönt ein Geräusch, das sich nach Wasser anhört (Blups). Die Buben machen eine Markierung im Staub der Straße und werfen weitere Kieselsteine über die Mauer: Blups, Blups, Blups ... Beim letzten Stein hört man wieder nichts, die Jungs machen eine zweite Markierung im Straßenstaub. Nun stellen sie sich mit der Angel zwischen die beiden Markierungen und werfen den Angelhacken über die Mauer!

Was haben die beiden mit den Kieselsteinen gesucht und eingegrenzt? Natürlich einen Teich. Sie haben davon im Dorf erfahren und gehört, dass dieser Teich Karpfen enthält. Diese wollten sie sich natürlich nicht entgehen lassen.

Was hat diese Geschichte mit der Gesprächsphase der Analyse zu tun? Ganz einfach: Unsere Fragen sind doch wie die Kieselsteine. Der Teich, den wir abstecken und eingrenzen wollen, sind der Bedarf und die Bedürfnisse des Kunden mit den daraus resultierenden Verkaufschancen. Erst wenn wir die konkrete Situation des Kunden genauer kennen, können wir mit dem Fischen beginnen.

Mit dieser Geschichte können noch weitere Aspekte des Verkaufs verdeutlicht werden. Die Kieselsteine sind die Fragen. Dann werfen wir die Angel. Der Haken, mit dem wir fischen, sind unsere Produkte beziehungsweise Dienstleistungen, die wir dem Kunden anbieten können. Damit der Fisch zubeißt, braucht es einen Köder. Im Verkauf ist dies der Kundennutzen, den unsere Produkte bieten. Wobei auch hier wie beim Fischen gilt: Der Köder muss dem Fisch schmecken und nicht dem Angler! Also müssen wir den Nutzen so formulieren, dass es für den Kunden passt. Und dies können wir nur dank einer sorgfältigen Analyse der jeweiligen Kundensituation. Was einmal mehr deutlich macht, dass in einem Verkaufs- und Beratungsgespräch ohne vorgängige Analyse eine Produktpräsentation keinen Sinn macht.

Die Analogie zum Verkaufen geht noch weiter: Wenn der Fisch zubeißt beziehungsweise den Köder schluckt, müssen wir die Angelschnur sofort ruckartig einziehen, damit der Haken auch fest sitzt und der Fisch nicht einfach wieder davonschwimmen kann. Dies entspricht beim Verkaufen dem Abschluss. Sobald der Kunde Interesse zeigt, also sogenannte Kaufsignale aussendet, gehen wir sofort zum Abschluss. Warten wir zu lange, schwimmt er davon (zum Beispiel mit „Ich überlege es mir noch einmal").

Die Geschichte ist wirklich schön. Mit der Analogie zum Fischen werden viele wichtige Aspekte einer erfolgreichen Gesprächsführung im Verkauf verdeutlicht und bildlich dargestellt.

Das 1 × 1 der Fragetechnik

Konzentrieren wir uns wieder auf die Phase der Analyse. Was für Fragen gibt es eigentlich? Eine bekannte und gängige Unterscheidung ist (in Bezug auf die Form) die zwischen offenen und geschlossenen Fragen. Geschlossene Fragen können nur mit Ja oder Nein beantwortet werden (Sind Sie der Inhaber? Brauchen Sie Ausgleichsmörtel?). Offene Fragen lassen beliebige (eben offene) Antworten zu (Wie haben Sie angefangen? Welche Produkte setzen Sie ein?).

Meist wird in der Analyse empfohlen, nur offene Fragen anzuwenden und geschlossene tunlichst zu vermeiden. Nur so käme man zu genügend Informationen und könne den Kunden öffnen. Dies stimmt natürlich grundsätzlich. Aber geschlossene Fragen sind gar nicht so schlecht wie ihr Ruf, auch in der Analysephase nicht. Mit geschlossenen Fragen kann man Interesse wecken, das Gespräch lenken und gewisse Aspekte beziehungsweise Themen auf den Punkt bringen – und diese dann wenn nötig und sinnvoll mit offenen Fragen hinterfragen:

V: *Machen Sie auch Kompaktfassaden?*
K: *Ja.*
V: *Welche Systeme setzten Sie ein? Welche Erfahrungen haben Sie gemacht? etc.*

Statt formal (offen oder geschlossen) kann man Fragen aber auch inhaltlich unterscheiden. Für den Beginn der Analyse empfehle ich, mit **Fragen zur Person, Sache und Situation** zu beginnen.

Mögliche Fragen zur Person sind:
- Was genau ist Ihre Funktion und Aufgabe?
- Seit wann sind Sie dabei?
- Wie haben Sie angefangen?
- Wie ist die Firma organisiert?
- Wie viele Mitarbeiter haben Sie?
- etc.

Mögliche Fragen zur Sache sind:
- Was sind die Hauptätigkeitsgebiete der Firma?
- Wie sieht die Kundenstruktur aus?
- Wie kommen Sie zu den Aufträgen?

- Welche Produkte brauchen Sie?
- Mit welchen Lieferanten arbeiten Sie heute zusammen?
- etc.

Typische Fragen zur Situation sind:
- Wie ist Ihre Auftragslage?
- Was sind aktuelle Objekte/Projekte?
- Was läuft gut?
- Wo gibt es Verbesserungsbedarf oder -chancen?
- etc.

Die Erfahrung zeigt, dass (gerade auch im Erstgespräch) der Einstieg über die Person meist der beste ist. Der Kunde redet gerne über sich, seinen Werdegang und freut sich, wenn sich jemand (ehrlich und natürlich) für ihn interessiert. Und Sie bekommen damit wertvolle Informationen!

Neben den Fragen zur Person/Sache/Situation ist es wichtig, dass Sie auch eine Ebene höher (oder je nach Optik tiefer) gehen. Hier kommen **Zielfragen** zum Einsatz:
- Was sind die wichtigsten Anforderungen, die Sie an ein Dichtungssystem stellen? oder
- Was erwarten Sie von einem idealen Dämmstoff? oder
- Was sind die wichtigsten Anforderungen, die Sie an einen Lieferanten wie uns stellen? oder
- Was ist Ihnen besonders wichtig?

Wenn Sie nach den Erwartungen und Anforderungen in Bezug auf ein Produkt (beziehungsweise ein System, eine Dienstleistung oder eine Firma) fragen, ist es wichtig, dass Sie mehrere Punkte einholen. Nennt der Kunde auf die Frage, was beim Produkt XY wichtig sei, nur eine Anforderung, zum Beispiel: „Der Preis muss möglichst günstig sein", dann fragen Sie nach weiteren Anforderungen. Zum Beispiel so: „Abgesehen vom Preis – was ist Ihnen sonst noch wichtig?"

Versuchen Sie, mindestens drei Anforderungen vom Kunden einzuholen. In vielen Fällen wird er Ihnen sogar noch weit mehr nennen.

Die genannten Anforderungen des Kunden können sich in einem gewissen Sinne widersprechen. Kunden möchten oft am liebsten eine „eierlegende Wollmilchsau" – also ein Wunderwesen (oder -ding), das gar nicht möglich ist: Die beste Qualität, Top-Beratung am Telefon und vor Ort, schnellstmöglichen Lieferservice und alles zum tiefsten Preis!

Bei mehreren Anforderungen ist es deshalb wichtig, dass Sie eine **Prioritätsfrage** stellen. Ein Beispiel: „Und welche der genannten Anforderungen ist für Sie persönlich am allerwichtigsten?"

Die Antwort können Sie jetzt mit einer **Werte- oder Motivfrage** ergründen:
- Warum ist Ihnen gerade dieser Punkt so wichtig?
- Weshalb ist das so wichtig?
- Was bringt Ihnen das?

Wenn Sie richtig und gezielt fragen, können Sie erkennen und verstehen, welche Werte und Emotionen für den Kunden im Vordergrund stehen. Und damit haben Sie den Schlüssel für den Verkaufserfolg in der Hand!

Der Titel dieses Buches lautet: Verkaufen heißt verstehen. Antworten und Aussagen des Kunden müssen Sie deshalb (wenn immer nötig und sinnvoll) laufend hinterfragen, indem Sie sogenannte **Verständnisfragen** stellen:
- Wie meinen Sie das?
- Was genau sprechen Sie damit an?
- Wie soll ich das verstehen?
- Was verstehen Sie unter ...?
- Was heißt das konkret für Sie?

Stand der Fragetechnik in der Praxis

Fragen stellen, die Kundensituation analysieren beziehungsweise die Wichtigkeit der Kundenergründung sind klassische Themen und Gegenstand jeder Verkaufsschulung. Deshalb sagen mir viele erfahrene Verkäufer in Verkaufstrainings oft: „Klar, die Analyse ist wichtig. Und immer offene Fragen stellen, damit wir möglichst viele Informationen bekommen. Haben wir in unseren Verkaufstrainings schon vor Jahren so gelernt!"

Seit einigen Jahren mache ich immer mehr Coachings und begleite (gerade auch erfahrene) Außendienstmitarbeiter bei Kundengesprächen. Dabei stelle ich regelmäßig fest, dass die meisten Verkäufer zu wenig fragen und noch viel weniger hinterfragen (also Verständnisfragen stellen). Damit bleibt das Verkaufsgespräch an der Oberfläche und der Kunde wird gar nicht richtig geöffnet und verstanden.

Wieso ist das so? Wieso wird in der Verkaufspraxis zu wenig gefragt, obwohl doch alle Verkäufer zu wissen glauben, dass die Analyse und damit Fragen so wichtig sind?

Einige Verkäufer meinen (bewusst oder unbewusst), dass sie die Situation des Kunden schon gut genug kennen und gar nicht mehr fragen müssen. Oder sie sind an zusätzlichen Informationen nicht wirklich interessiert und wollen gleich zur Sache kommen. Andere Verkäufer wollen verhindern, dass der Kunde zu lange spricht und dadurch wertvolle Zeit verloren geht. Schließlich wollen sie doch etwas verkaufen. Vielleicht besteht die Befürchtung, dass den Kunden die Fragerei nervt und er zur Sache kommen will. Gewisse Verkäufer meinen, dass der Kunde bei zu vielen Fragen an der Gesprächsvorbereitung und damit an ihrer Kompetenz und Professionalität zweifelt. Jede dieser möglichen Grundhaltungen ist gefährlich und kontraproduktiv. Vor allem, wenn man den Kunden noch gar nicht richtig kennt und keine persönliche Beziehung zu ihm hat.

Aus meiner Erfahrung kann ich versichern, dass Ihre Fragen beim Kunden immer gut ankommen, wenn Sie sich wirklich für den Kunden interessieren und tatsächlich mehr über seine Situation, Erfahrungen und Ansichten wissen wollen!

Keine Analyse ohne Notizen

Wichtig ist, dass Sie sich in der Analysephase (stichwortartig) Notizen machen und die wichtigsten Informationen festhalten. Einzelne Teilnehmer haben mir darauf erwidert, dass sie das nie machen. Wieso? Weil man dem Kunden so gar nicht die volle Konzentration schenken könne und dies sei doch unhöflich. Die Notizen könne man dann nach dem Gespräch machen.

Dieser Standpunkt ist für mich völlig unverständlich. Mit den Notizen machen Sie doch dem Kunden deutlich, dass Sie sich für seine Aussagen wirklich interessieren! Wenn Sie die wichtigsten Informationen sofort festhalten, ist auch sichergestellt, dass Sie nichts vergessen.

Für mich persönlich (ich rede gerne und oft eher zu viel) gibt es noch einen weiteren wichtigen Grund:

Merke
Solange ich Notizen mache und schreibe, kann ich nicht reden. Und der Kunde redet weiter!

2.4 Phase des Angebots

Abschlussorientiert präsentieren

Je mehr Informationen Sie in der Analysephase gewonnen haben und je besser Sie wirklich verstehen, was der Kunde braucht und was ihm wichtig ist, umso einfacher wird die Angebotsphase. Aufgrund der Analyse können Sie nun dem Kunden das Richtige vorschlagen und so präsentieren, dass es auf seine Situation, seine persönlichen Werte und Kaufmotive sowie auf seinen Typ (dazu später mehr) passt.

Für die Angebotsphase gilt
In der Kürze liegt die Würze!

Konzentrieren Sie sich in der Angebotsphase auf das Wesentliche. Präsentieren Sie nur die Punkte, die für den Kunden relevant sind, und nicht alle möglichen Aspekte und Vorteile Ihrer Produkte und Dienstleistungen.

Entscheidend ist, dass Sie dem Kunden in der Angebotsphase nicht nur das für ihn Passende vorschlagen und erklären, sondern den Kunden auch zum Handeln bringen. Also darüber reden und vereinbaren, wie und wann er Ihre Empfehlung nutzen kann und wird. Somit gilt: ***Ich schlage dem Kunden das Passende vor und vereinbare das weitere Vorgehen!***

Die Präsentation in einem Verkaufs- und Beratungsgespräch muss abschlussorientiert erfolgen. Von der Angebots- gehen Sie direkt zur Abschlussphase.

Denn
Ich will den Kunden nicht nur beraten, sondern auch zu einer Entscheidung führen!

Diesen Grundsatz betonte vor über sechzig Jahren bereits der legendäre Frank Bettger (Bettger 2011: 229): *„Von Ihnen muss die Initiative ausgehen, die zur Tat führt. Der größte Dienst, den Sie einem Menschen erweisen können, besteht darin, ihm zu helfen, eine kluge Entscheidung zu treffen."*

Frank Bettger lebte von 1888 bis 1981 und gilt als einer der erfolgreichsten Verkäufer der USA. Seine Profi-Karriere im Baseball musste er bereits nach kurzer Zeit verletzungsbedingt aufgeben. Nach verschiedenen beruflichen Tätigkeiten startete er mit dem Verkauf von Lebensversicherungen. Erst nach zehn Monaten und kurz vor dem Aufgeben hatte er ein Schlüsselerlebnis, welches ihn zu den ersten überdurchschnittlichen Erfolgen führte. Bereits nach wenigen Jahren wurde er der beste Verkäufer im Konzern. Mit 42 Jahren (nach dreizehn Jahren Verkaufstätigkeit) hatte er aufgrund seiner verdienten Provisionen bereits die Möglichkeit, sich als „Privatier" aus dem Berufsleben zurückzuziehen. Im Jahre 1947 erschien sein Buch *Lebe begeistert und gewinne*, welches in über ein Dutzend Sprachen übersetzt wurde und noch heute als eines der allgemein anerkannten Standard-Werke für den Verkauf weltweit im Handel ist. Von der deutschsprachigen Ausgabe wurde 2011 bereits die 46. Auflage gedruckt.

Kundenorientiert präsentieren

Beim Präsentieren (= Angebotsphase) ist es entscheidend, dass Sie nicht möglichst viele Eigenschaften und Stärken des Produktes (beziehungsweise der Dienstleistung oder Firma, also von dem, was Sie anbieten) nennen, sondern sich auf eine (oder wenige) Stärken konzentrieren, die für die Kundensituation im Vordergrund steht. Zeigen Sie dem Kunden konkret auf, was diese Stärke für ihn bedeutet und dass er damit genau das bekommt beziehungsweise erreicht, was er will.

Denn
Kunden kaufen nicht die Stärken und Eigenschaften meiner Produkte – sondern ihren Nutzen!

Hier kommen wir zu einem weiteren Klassiker in der Verkaufsliteratur – dem Kundennutzen. Schon lange wird gepredigt, dass im Verkauf nicht die Stärken der Produkte und Dienstleistungen im Vordergrund stehen sollen, sondern der Nutzen, den der Kunde von diesen Stärken hat.

Dass Kundennutzen ein bekanntes Thema ist, bestätigen mir erfahrene Verkäufer in meinen Trainings immer wieder. „Na klar – Kundennutzen – ist etwas, was wir schon lange kennen und anwenden. Haben wir schon vor Jahren gelernt!"

Wenn ich aber Verkäufer im Coaching bei Kundenbesuchen begleite oder im Verkaufstraining Übungen mache, bin ich erstaunt, dass praktisch nur von den Eigenschaften und Stärken der jeweiligen Produkte, Dienstleistungen beziehungsweise der Firma geredet wird und wenig bis kaum vom Kundennutzen.

Woher kommt diese Diskrepanz? Wahrscheinlich daher, dass der Kundennutzen für viele Verkäufer ein zu abstraktes Thema ist. Und dass der Übergang von der Stärke zum Nutzen fließend ist. Oft kann nicht immer klar unterschieden werden, was genau die Stärke ist und wo der Nutzen anfängt. Stärken zu nennen, ist zudem einfacher und allgemeingültiger. Nutzen müssen jedoch kundenspezifisch formuliert werden. Und dazu müsste man die Situation des Kunden sehr genau kennen und verstehen.

Es ist für den Verkauf wichtig, den Unterschied zwischen Produkteigenschaften und Nutzen zu verinnerlichen. Die Eigenschaft oder Stärke eines Produktes (beziehungsweise einer Dienstleistung oder einer Firma) ist die angebotsorientierte Beschreibung, was ein Produkt auszeichnet, was ein

Produkt kann, was ein Produkt bietet. Der Nutzen ist im Gegensatz dazu das, was der Kunde davon hat. Er bezeichnet, wie der Kunde eine Produkteigenschaft oder Produktstärke wahrnimmt und welche konkreten Vorteile sie dem Kunden bringt.

Stärke und Nutzen sind somit wie zwei Seiten einer Münze. Sie gehören zusammen und machen das Produkt aus. Wenn wir die erste Seite anschauen, reden wir von den Eigenschaften und Stärken. Dies ist die Lieferantensicht. Betrachten wir die andere Seite, sehen wir den Nutzen. Damit sind wir in der Kundensicht.

Es ist Aufgabe des Verkäufers, dem Kunden die Verbindungen zwischen Produkteigenschaften und Nutzen aufzuzeigen. Sie dürfen nicht voraussetzen, dass der Kunde von selbst die Vorteile Ihres Produktes erkennt. Wichtig ist, beim Präsentieren und Argumentieren schrittweise vorzugehen. Also nicht mehrere Stärken auf einmal nennen, sondern jeweils nur eine Stärke, und dann unmittelbar den Nutzen dieser Produkteigenschaft dem Kunden deutlich machen. Der Kunde kauft schlussendlich seinen Nutzen. Deshalb müssen wir beim Präsentieren auch den Schwerpunkt auf die Nutzenseite legen.

Pro Stärke können und sollen in der Regel sogar mehrere Nutzen aufgezeigt werden. Die Nutzen müssen möglichst anschaulich und konkret (bezogen auf die jeweilige Situation des Kunden und seine Anwendungsmöglichkeiten) beschrieben werden. Dazu können einzelne Aussagen miteinander verkettet werden (= Nutzenkette).

Auch wenn ein Produkt mehrere herausragende Stärken hat, müssen dem Kunden im Verkaufsgespräch nicht alle genannt werden. Wann merken wir, dass keine weitere Stärke angesprochen werden muss? Ganz einfach: Sobald der Kunde überzeugt ist und zeigt, dass er kaufen möchte. Deshalb soll das Präsentieren in der Angebotsphase immer abschlussorientiert erfolgen. Nach jeder Stärken-Nutzenkette testen wir sofort die Kaufbereitschaft des

Kunden. Wie macht man das? Ganz einfach: Durch eine Vorabschlussfrage. Nach der Nutzenkette kann man beispielsweise das „Ja" abholen und dann zur Abschlussphase gehen.

Beispiel für ein zweistufiges Präsentationsschema mit Vorabschluss
In Ihrer Situation wäre das Produkt Powerbond 200 ideal. Dieses Produkt bindet viel schneller ab (= Stärke). Damit können Sie schneller weiterarbeiten und den Bodenbelag früher fertigstellen. Sie haben weniger lange Wartezeiten und können einen Boden in einem Tag verlegen. Sie sparen teure und unproduktive Anfahrtszeiten, senken Ihre Lohnkosten und sind konkurrenzfähiger (= Nutzenkette). Und das ist doch heute entscheidend – oder nicht? (= Ja-Frage).

Verkaufstechnisch ist dieses Beispiel zweistufig aufgebaut. Nach der Nennung der Stärke wird im zweiten Schritt der Nutzen für den Kunden erläutert. Je nach Situation empfiehlt sich das sogenannte dreistufige Präsentationsschema. Hier wird nach der Stärke (1.) die Erklärung dieser Stärke eingeschoben (2.) und erst dann der Nutzen (3.) aufgezeigt. Dieses dreistufige Schema wird meist bei erklärungsbedürftigen Produkten und Stärken angewendet. Das könnte dann etwa so klingen:

Beispiel für ein dreistufiges Präsentationsschema mit Vorabschluss
In Ihrer Situation wäre das Produkt Powerbond 200 ideal. Dieses Produkt bindet viel schneller ab (= Stärke). Im Gegensatz zu den üblichen Produkten können Sie den Boden schon nach einer Stunde wieder begehen und nach zwei Stunden bereits den Endbelag verlegen (= Erklärung). Damit können Sie schneller weiterarbeiten und den Bodenbelag früher fertigstellen. Sie haben weniger lange Wartezeiten und können einen Boden in einem Tag verlegen. Sie sparen teure und unproduktive Anfahrtszeiten, senken Ihre Lohnkosten und sind konkurrenzfähiger (= Nutzenkette). Und das ist doch heute entscheidend – oder nicht? (= Ja-Frage).

Präsentieren ist nicht Selbstzweck, sondern Mittel zum Zweck. Schlussendlich möchten wir den Kunden überzeugen und dazu bringen, dass er aktiv wird und das Produkt einsetzen (= kaufen) möchte. Testen Sie daher im Verlauf einer Präsentation stets die Kaufbereitschaft – es lohnt sich!

Gehirngerecht präsentieren

Kundennutzen formulieren zu können, ist im Verkauf sehr wichtig und wird ein zentrales Thema in der Verkaufsschulung bleiben. Sie müssen die Hauptstärken Ihrer Produkte kennen und kundenspezifisch den Nutzen aufzeigen können. Aber aufgepasst: ***Nicht was, sondern wie ich es sage, entscheidet!***

NLP (Neurolinguistische Programmierung) hat das Wie in der Kommunikation in den Vordergrund gerückt (eine sehr gute Einführung und Übersicht zur NLP findet sich bei O'Connor/Seymor 2009). Bezogen auf den Verkauf geht NLP sogar so weit, dass für das Präsentieren beim Kunden eine „gehirngerechte Information" empfohlen wird. Diese Empfehlung klingt auf den ersten Blick etwas seltsam, ist aber einfach und logisch. Wenn man im Verkauf eine Wirkung erzielen will, muss primär das Gehirn des Kunden angesprochen werden. Denn das Gehirn jedes Menschen ist die Schaltzentrale in Bezug auf Denken, Fühlen und Handeln.

Wie nimmt ein Gehirn Informationen auf und wie werden diese Informationen im Gehirn verarbeitet? Natürlich über die Sinne. Und wie viele Sinne hat ein Mensch? Medizinisch spricht man von fünf Sinnen: sehen, hören, fühlen, riechen und schmecken. Ob es noch einen sechsten (Intuition) oder sogar einen siebten Sinn (Gedankenübertragung, Vorahnungen) gibt, ist umstritten. Für den Verkauf wichtig ist aber folgende Tatsache: ***Jeder Mensch hat alle fünf Sinne, aber einen davon nutzt er bevorzugt!***

Jeder Mensch hat einen Sinn, der für ihn der wichtigste ist. Meist handelt es sich hier um die Hauptsinne sehen, hören oder fühlen. Visuelle Menschen denken stark in Bildern. Auditive Menschen reagieren stark auf Töne und Geräusche. Und das Denken erfolgt oft in Form eines inneren Dialogs. Ein Kinästhet (Fühl-Typ) hingegen muss die Dinge anfassen und bewegen können, damit er sie „begreift".

Wenn jeder Kunde einen bevorzugten Sinneskanal hat, ist die Erfolgsstrategie im Verkauf sofort klar: ***Den bevorzugten Sinneskanal des Kunden ansprechen!***

Diese Strategie hat nur einen kleinen Schönheitsfehler. Den bevorzugten Sinneskanal herauszufinden ist gar nicht so einfach und braucht Zeit und viel Übung. Wenn man im Kundengespräch krampfhaft den Hauptsinn herausfinden möchte, besteht die Gefahr, dass man sich versteift und unkonzentriert wirkt. Was für den Gesprächsverlauf kontraproduktiv ist. Deshalb empfiehlt sich in der Praxis eine andere Strategie:

Merke

Alle Hauptsinne des Kunden ansprechen!

Diese Strategie könnte man auch als Multisensoring bezeichnen. Wie können Sie nun die Sinne eines Kunden am besten ansprechen? Hier gibt es verschiedene Möglichkeiten:

Eine sehr wirksame Art, um Sinne anzusprechen, sind Muster (oder wenn möglich das Produkt selbst). Der Kunde kann das Muster ansehen, in die Hände nehmen, sich Gedanken darüber machen (innerer Dialog). Muster sprechen alle Sinne an, der Kunde wird ganz automatisch seinen Hauptsinn einsetzen. Dass Muster sehr wirkungsvoll sind, ist eine altbekannte Tatsache. Viele Firmen stellen dem Verkauf auch solche zur Verfügung. Leider gibt es (sogar erfahrene) Verkäufer, welche die vorhandenen Muster gar nicht richtig einsetzen. „Ich kann doch nicht immer alles mitschleppen" oder „Ich bin doch kein Jahrmarktverkäufer" oder „Der Kunde kennt doch diese Produkte und Muster schon zur Genüge" sind typische Begründungen (= Glaubens- oder Überzeugungssätze), die genannt werden. Aus meiner Sicht aber alle nicht haltbar und sehr unzweckmäßig. Mit Mustern können Sie die Aufmerksamkeit und das Interesse des Kunden sehr einfach gewinnen. Deshalb ist es sträflich, wenn Sie diese nicht einsetzen. Und selbst wenn der Kunde das Muster schon gesehen hätte, wird es Ihnen auch bei einem nächsten Verkaufs- und Beratungsgespräch helfen, ihn schneller und einfacher zu überzeugen.

Neben Mustern können Sie auch Bilder einsetzen. Zum Beispiel vom Produkt selbst (wenn es Sinn macht), von gewissen Details, von Anwendungsmöglichkeiten, Einsatzsituationen, Referenzen etc. Früher hatten Verkäufer oft ein Zeigebuch dabei, was aber schon seit Längerem außer Mode geraten ist. Heute wäre es für jeden Verkäufer sehr einfach, selber Bilder zu machen und mitzunehmen. Die meisten Außendienstmitarbeiter haben ein Smartphone und damit auch einen Fotoapparat als ständigen Begleiter. Diese Möglichkeiten werden aber für das Verkaufsgespräch noch erstaunlich wenig genutzt.

Eine andere Form, die Sinne anzusprechen, ist der Stift. Diese Methode bezeichnet man als Pencil Selling (= mit dem Stift verkaufen). Früher wurde diese Methode trainiert und häufig angewendet, dann geriet sie in Vergessenheit. Heute erlebt das Pencil Selling eine gewisse Renaissance.

Was für Möglichkeiten gibt es, mit dem Stift zu verkaufen? Eine einfache Art, welche von vielen Verkäufern oft ganz unbewusst und automatisch eingesetzt wird, ist das Skizzieren. Im Verkaufsgespräch wird dem Kunden anhand einer Skizze gezeigt, wie ein Detail ausgestaltet ist. Oder man zeichnet zum besseren Verständnis die Situation als Planskizze auf.

Eine andere Möglichkeit wäre, bei der Analyse die Ausgangssituation des Kunden auf einem Blatt (gut sichtbar und leserlich) festzuhalten, also zum Beispiel die Daten und Fakten sowie seine Anforderungen. Beim Präsentieren der Verkaufsidee können Sie wichtige Stärken und Nutzen festhalten beziehungsweise mit dem Stift visualisieren.

Eine weitere Variante des Pencil Selling ergibt sich bei der Verwendung von Prospekten. Wichtige Punkte können Sie mit einem Leuchtstift hervorheben. Ergänzungen und Präzisierungen tragen Sie mit einem Stift von Hand ein. Damit bekommt der Prospekt noch eine viel größere Bedeutung. Der Kunde erhält von Ihnen gewissermaßen sein ganz persönliches Exemplar!

Ich bin überzeugt, dass Pencil Selling gegenüber fix vorbereiteten und erstellten Präsentationsfolien gewaltige Vorteile hat. Der Kunde wird nicht von Folien überrollt, sondern ist bei der (schrittweisen und interaktiven) Erstellung dabei. Er wird einbezogen und die festgehaltenen Informationen prägen sich wesentlich besser ein.

Wichtig ist, dass Sie Pencil Selling nicht als Selbstzweck, sondern sehr spontan und natürlich zur Verkaufsunterstützung einsetzen. Die Skizzen und Zeichnungen dürfen deshalb nicht zu aufwendig sein und nicht in einem sturen Ablauf erstellt werden, was den Kunden zum Zuschauer und Wartenden degradiert. Die Interaktion mit dem Kunden darf nicht unter dem Pencil Selling leiden. Ideal wäre, wenn der Kunde sich sogar beteiligt, also selber zum Stift greift und auf dem Blatt Ergänzungen oder Präzisierungen aufschreibt.

Sinne spricht man auch mit der Sprache (also mit Worten) an. Wenn Sie einem Kunden zwar fachlich korrekt, aber eben sehr abstrakt und mit zurückhaltender Stimme und Körpersprache etwas erläutern, werden die Sinne des Kunden nur wenig angesprochen. Schon mehr Wirkung erzielen Sie mit einer bildhaften Sprache und einer engagierteren Stimmführung und

Körpersprache. Und wie müssen Sie sprechen, damit Sie mit der Sprache am meisten Wirkung erzielen?

Merke
Das menschliche Gehirn liebt Beispiele und Geschichten!

Beispiele wecken das Gefühl von Vertrautheit, wirken anschaulich, sprechen das Vorstellungsvermögen an und aktivieren den Kunden. Mit Beispielen können selbst komplizierte Zusammenhänge verständlich gemacht werden, was die Überzeugungskraft steigert. Entscheidend ist jedoch, dass die Beispiele tatsächlich auf die konkrete Kundensituation zutreffen. Spannend erzählte Geschichten, aber auch Zitate und Anekdoten haben zudem etwas Magisches. Sie regen die Fantasie an und setzen Emotionen in Gang. Damit können Sie den Kunden öffnen und „packen", das Gesprächsklima verbessert sich weiter und Sie kommen schneller zu Ergebnissen. Wie wichtig Beispiele und Geschichten sind, weiß (bewusst oder unbewusst) jeder erfahrene und erfolgreiche Verkäufer. Dank der Verkaufserfahrung haben sie auch schon viel erlebt und kennen eine Vielzahl von Beispielen und Geschichten. Deshalb kann man in der Regel auch kurz und bündig sagen: Top-Verkäufer sind Geschichtenerzähler!

In meinem Basistraining *Erfolgreich verkaufen*, welches sich an neue Mitarbeiter im Verkauf und Außendienst richtet, mache ich den Teilnehmern deshalb bereits bei der Eröffnung folgende Erfahrungsregel bewusst: ***Wer als Verkäufer die ersten zwei Jahre übersteht, hat es geschafft!***

Wieso eigentlich? Ganz einfach: Nach zwei Jahren kennt man die Branche sowie die Produkte und ihre Anwendungsmöglichkeiten. Man hat viele Kontakte gehabt, zahlreiche Gespräche geführt und sich einen gewissen Namen geschaffen, was zunehmend zu Anfragen und Weiterempfehlungen führt. Erfolgserlebnisse gibt es natürlich genügend, da die Zahlen stimmen (sonst wäre man ja gar nicht mehr hier). Und jetzt kann man auch Beispiele und Geschichten erzählen, mit welchen man zusätzliche Verkaufserfolge erzielen kann. Also die besten Voraussetzungen, um nach zwei Jahren so richtig durchzustarten!

Die zwei Jahre sind natürlich nur ein Richtwert. Je nach Branche, Produkt und Verkäufer wird mehr oder weniger Zeit nötig sein. Wenn man als Verkäufer schneller auf die Erfolgsstraße einbiegen und nicht alle Beispiele und Geschichten zuerst selbst erarbeiten will, gibt es einen kleinen (aber sehr wichtigen) Tipp:

Tipp

Die besten und überzeugendsten Beispiele und Geschichten erfahre ich von begeisterten Kunden!

Wenn Sie ein bestehendes Verkaufsgebiet übernehmen, sollten Sie in einem ersten Schritt alle aktiven Kunden schnellstmöglich besuchen. Ziel ist, diese Kunden persönlich kennenzulernen und die aktuelle Geschäftsbeziehung zu sichern. Ein anderes Ziel könnte aber auch sein, interessante Beispiele und Geschichten für den Verkauf zu erfahren. Dazu sind folgende Fragen hilfreich:

- Wie zufrieden sind Sie mit unserer Firma?
- Was schätzen Sie vor allem an unserer Firma?
- Seit wann setzen Sie dieses Produkt ein?
- Welches Produkt haben Sie vorher eingesetzt?
- Was bringt Ihnen dieses Produkt im Vergleich zu vorher?
- Was könnte noch besser sein?

Wenn Sie viele bestehende Kunden übernehmen, haben Sie natürlich ein gewisses Zeitproblem. Vielleicht wollen oder können Sie nicht alle Kunden nach Ihren Erfahrungen fragen (was eigentlich schade wäre). Dann würde ich diese Fragen vor allem den Kunden stellen, die ein bestimmtes Produkt in einem großen Umfang (und/oder überdurchschnittlichen Verhältnis) einsetzen.

Wenn Sie die Kunden nach ihren Erfahrungen fragen, erhalten Sie eine Vielzahl von Informationen – und hilfreiche Beispiele und Geschichten, um weitere Kunden zu gewinnen. Zugleich können Sie mit Ihrem Interesse auch die Beziehung zu den bestehenden Kunden sehr einfach und schnell aufbauen. Also zwei Fliegen auf einen Schlag!

Übrigens: Die Erkenntnisse der Gehirnforschung der letzten zwanzig Jahre (speziell zum Thema Neuromarketing) bestätigen die Bedeutung und Wichtigkeit einer gehirngerechten Präsentation im Verkauf voll und ganz. Nur wenn Sie im Gehirn des Kunden nach der Bewertung der über seine Sinne wahrgenommenen Informationen ausreichend positive Emotionen auslösen, werden Sie erfolgreich sein. Denn in Anlehnung an Häusel (2012) gilt auch für Ihre Kunden:

Merke

Alles, was keine Emotionen auslöst, ist für das Gehirn wertlos!

Deshalb ist Ihre Art der Präsentation sehr entscheidend. Nutzen Sie also die oben aufgeführten Möglichkeiten, die Sinne des Kunden und damit sein Gehirn anzusprechen. Denken Sie aber immer daran:

Es gilt

Mein wichtigstes Verkaufsinstrument ist meine eigene Motivation und Begeisterung!

Nur wenn Sie von dem, was Sie anbieten, überzeugt und begeistert sind, können Sie Ihre Kunden begeistern. Denn: Begeistern kommt von begeistert sein!

Wenn Sie begeistert sind, wird sich Ihre Begeisterung auf den Kunden übertragen. Denn er sieht, hört und spürt Ihre Begeisterung (Seßler 2011).

2.5 Phase der Argumentation

Wie schlimm sind Einwände?

Wie wir oben betont haben, soll in der Angebotsphase immer abschlussorientiert präsentiert werden. Von der Angebots- gehen wir deshalb direkt zur Abschlussphase. Je besser Sie die Situation des Kunden analysiert und verstanden haben, umso eher können Sie das für ihn Richtige anbieten und so präsentieren, dass es passt und er kaufen will. Dies funktioniert sehr oft – aber natürlich nicht immer. Wenn der Kunde Fragen oder Einwände hat, kommen Sie in die Phase der Argumentation. In Bezug auf unser Gesprächsschema gehen Sie bildlich gesprochen eine Treppenstufe zurück. Oder anders ausgedrückt: Es braucht noch eine Zusatzschlaufe, bevor ein Abschluss möglich ist.

Einwände sind für viele im Verkauf mühsam und ärgerlich. Wieso? Klar möchten wir möglichst Einwand-frei verkaufen und direkt zum Abschluss kommen. Wenn der Kunde Einwände hat, ist das aber gar nicht so schlimm, wie viele meinen. Dies können wir uns durch ein kleines Gedankenexperiment verdeutlichen:

Was ist der schlimmste Einwand in einem Verkaufs- und Beratungsgespräch? Die häufigste Antwort, die ich in meinen Trainings auf diese Frage bekomme, ist der Preis (Das Produkt sei also zu teuer). Aber gibt es noch einen schlimmeren Einwand? Jetzt nennen die Teilnehmer weitere Einwände wie zum Beispiel: „Beim letzten Kauf wurde ich sehr enttäuscht." Oder: „Wir sind mit unserem heutigen Lieferanten so zufrieden, dass wir nicht wechseln wollen." Ich insistiere und behaupte: Es gibt noch einen schlimmeren Einwand! Jetzt sind die Teilnehmer ziemlich ratlos. Meine Frage nach dem schlimmsten Einwand ist natürlich rhetorisch gemeint und etwas fies. Hier meine Antwort: ***Der schlimmste Einwand ist kein Einwand!***

Diese Aussage leuchtet auf den ersten Blick nicht ein. Klar gibt es die Traumsituation, wo kein Einwand absolut toll ist: Wenn der Kunde ohne Einwände kauft beziehungsweise bereit ist, das Produkt zu testen. Bei keinem Einwand denke ich aber an eine andere Situation, die im Verkauf gar nicht so selten ist. Wir haben die Kundensituation sorgfältig analysiert und den dazu passenden Vorschlag (Produkt, System etc.) präsentiert mit Stärke und Nutzenkette. Da der Kunde wenig Reaktion zeigt, fragen wir gekonnt (= Vorabschlussfrage):

V: *Wie klingt das für Sie?*

K: *Klingt interessant. Lassen Sie mir die Unterlagen hier. Sie hören von uns.*

Das meine ich mit keinem Einwand. Der Kunde hält sich bedeckt und sagt nicht wirklich, was er davon hält und darüber denkt. Mit seiner Antwort will er mich eigentlich nur auf eine elegante Art loswerden.

Wie soll sich jetzt ein Verkäufer in dieser Situation verhalten? Hier nennen die meisten Trainingsteilnehmer Fragen wie „Wann soll ich mich wieder melden?". Dies ist aber aus meiner Sicht zu wenig und gefährlich. Wenn ich mich dann nach der vereinbarten Zeit (zum Beispiel vier Wochen) wieder beim Kunden melde, kann er mir ohne große Begründung mitteilen, dass doch kein Interesse besteht oder dass das Ganze nicht infrage kommt. Ein Kunde kann meinen Nachfasstelefonaten auch sehr einfach ausweichen (ist nie erreichbar beziehungsweise nimmt nicht ab und ruft nicht zurück oder lässt mir durch einen Mitarbeiter ausrichten, dass kein Bedarf besteht).

Höfliche Hartnäckigkeit hilft

Wenn der Kunde Sie herauskomplementieren will (ohne konkreten Abschluss), dürfen Sie als Verkäufer nicht so schnell aufgeben und das Feld räumen. Versuchen Sie die beim Kunden vorhandenen Bedenken und Einwände herauszufinden. Auf eine geschickte und elegante Art, damit der Kunde sich nicht ärgert und sauer wird. Was für Möglichkeiten haben Sie?

Ein Ansatz ist, den Kunden einfach beim Wort zu nehmen:
- Was genau klingt für Sie interessant? oder
- Was genau könnte für Sie interessant sein?

Auf diese Frage wird ein Kunde normalerweise eine Antwort geben müssen. Jetzt wird er seine tatsächlichen Gedanken und Einwände aussprechen. Und darauf können Sie nun eingehen.

Eine ähnliche Wirkung hat, wenn Sie nach der Antwort des Kunden (Klingt interessant ...) seine Kaufbereitschaft testen:
- Wo könnten Sie das Produkt am ehesten einsetzen? Oder:
- Was könnte der Einsatz des Produktes für Ihre Firma bringen?

Was folgt aus diesen Überlegungen: ***Wenn der Kunde keine Einwände nennt und mich vertrösten will, versuche ich die vorhandenen Einwände herauszufinden!***

Nur so haben Sie eine Chance, doch noch einen Schritt weiterzukommen und zu vermeiden, dass das Ganze versandet. Wenn Sie dies auf eine interessierte und höfliche Art tun, bestehen gute Erfolgschancen. Was ein schönes Beispiel dafür ist, wie wichtig im Verkauf die drei Hs sind:

Merke
Höfliche Hartnäckigkeit hilft!

Professionelle Einwandbehandlung

Was signalisieren uns Einwände? Je nach Situation und Blickwinkel ganz Vieles: Vorhandenes Interesse, den Informationsstand des Kunden beziehungsweise versteckte Wünsche oder Ängste.

Wenn Sie die Einwände aus Sicht des Kunden richtig verstehen und diese entsprechend relativieren und/oder entkräften können, haben Sie große Chancen auf einen Abschluss. Und diese Chancen müssen Sie durch eine professionelle Einwandbehandlung nutzen.

Entscheidend ist, dass Sie die wichtigsten Kundeneinwände kennen und sich sorgfältig darauf vorbereiten. Und herausfinden, wie Sie mit diesen Einwänden am besten umgehen können. Denn im Gespräch haben Sie nicht die Zeit, erst lange nachzudenken und dann eine Antwort zu geben. Alleine ein Zögern in der Antwort kann als Inkompetenz wahrgenommen werden und den Kunden zusätzlich verunsichern.

Welches sind die wichtigsten Einwände?
- zu teuer (der Preis)
- ein Wechsel lohnt sich nicht
- sind zufrieden (mit unserem Lieferanten)
- sind die heutigen Produkte gewöhnt, Umstellung zu aufwendig
- schlechte Erfahrungen gemacht
- andere Produkte sind besser

Wie geht man jetzt mit diesen Einwänden professionell um? Hier empfehle ich Ihnen die folgenden fünf Schritte: 1. Gelassen bleiben und genau hinhören, 2. abfedern (Stoßdämpfer setzen), 3. den Einwand behandeln, 4. Nutzen bringen und 5. Kaufbereitschaft testen.

Abbildung 3: Professionelle Einwandbehandlung in fünf Schritten (Quelle: Eigene Darstellung in Anlehnung an IN*tem* Mannheim)

Bevor wir auf die fünf Schritte näher eingehen, möchte ich die Wichtigkeit einer abschlussorientierten Einwandbehandlung betonen. Was heißt das konkret? Als Verkäufer sollten Sie nicht nur auf vorhandene Einwände eingehen und diese entkräften beziehungsweise relativieren, sondern den Kunden wieder aus der Einwandbehandlung (= Phase der Argumentation) zum Abschluss führen.

Vielleicht haben Sie jetzt das Gefühl, dass diese Überlegungen an Haarspalterei grenzen. Der entscheidende Unterschied ist aber der folgende: Wenn Sie einfach nur auf die Einwände eingehen und diese bestmöglich entkräften beziehungsweise relativieren, liegt der Ball für den nächsten Zug wieder beim Kunden. Wenn Sie Glück haben (beziehungsweise sehr gute Argumente), kommt es zum Abschluss. Wenn Sie aber Pech haben, sagt der Kunde jetzt:

K: *Gut, ich überlege mir das Ganze noch einmal, Sie hören von mir.*

Klar könnten Sie jetzt nochmals die drei Hs (höfliche Hartnäckigkeit hilft) bemühen und zum Beispiel fragen:

V: *Was genau wollen Sie noch überlegen?*

Aber aufgepasst: Mit jeder solchen Gesprächssituation wird es immer schwieriger. Die Emotionen des Kunden könnten sich in eine negative Richtung entwickeln. Und dann bleibt Ihnen vielleicht nur noch die Möglichkeit zu einem eleganten Rückzug (Wann soll ich mich wieder bei Ihnen melden?) ohne konkretes Resultat in den Händen. Um solche Gesprächssituationen möglichst zu vermeiden, sollten Sie als Verkäufer direkt von der Phase der Argumentation zur Abschlussphase lenken.

Deshalb gilt
Keine Einwandbehandlung ohne Testen der Kaufbereitschaft!

Mit einer geschickten Einwandbehandlung werden Sie beim Kunden positive Emotionen wecken beziehungsweise verstärken. Dann ist es auch logisch und natürlich, dass Sie den Kunden zum nächsten Schritt (also zur Abschlussphase) führen. Wie erreichen Sie das?

Hinhören und Abfedern

Betrachten wir die fünf Schritte der Einwandbehandlung etwas näher. Der erste Schritt ist vor allem dann wichtig, wenn der Kunde beim Einwand ausholt und länger redet. Jetzt müssen Sie gelassen bleiben und genau hinhören. Ihre Körpersprache darf keine Enttäuschung, Ärger oder Verzweiflung signalisieren und Sie müssen den Kunden ausreden lassen.

Bevor Sie auf den Einwand eingehen, federn Sie ab zum Beispiel mit folgenden Formulierungen:

- Der Preis muss natürlich auch stimmen.
- Schön, dass Sie so offen sind.
- Gut, dass Sie das ansprechen.
- Dies ist ein wichtiger Punkt.
- Schön, dass Sie so zufrieden sind.
- Ich kann Sie gut verstehen.

Stoßdämpfer zeigen dem Kunden, dass Sie ihn verstehen und seine Einwände akzeptieren. Damit können Sie ein gutes Gesprächsklima sicherstellen. Die beste Voraussetzung, um den Einwand erfolgreich zu behandeln.

Einwandbehandlungs-Methoden

Wie geht es nach dem Stoßdämpfer weiter? Hier gibt es eine Vielzahl von Einwandbehandlungs-Methoden, welche situativ und kreativ variiert oder kombiniert werden können:

Die Frage-Methode

Die Frage-Methode ist die am häufigsten anwendbare Einwandbehandlungs-Methode. Der Einwand wird ganz einfach mit einer (beziehungsweise mehreren) Frage(n) hinterfragt. Beispiel:

K: *Zu teuer.*

V: *In Bezug auf was ist es zu teuer?*
Mit was vergleichen Sie?
Abgesehen vom Preis ... was ist Ihnen sonst noch wichtig?

Die Antworten des Kunden müssen Sie womöglich nochmals hinterfragen, damit Sie den Kunden ganz genau verstehen. Auf Grundlage der Antworten können Sie dann die Nutzenargumentation aufbauen (= Schritt 4) und die Kaufbereitschaft testen (= Schritt 5).

Die Frage-Methode eignet sich auch sehr gut, wenn der Kunde mit seinem jetzigen Lieferanten zufrieden ist. Hier ein Beispiel:

V: *Schön, dass Sie so zufrieden sind (= Schritt 2)*
Was genau schätzen Sie denn vor allem beim heutigen Lieferanten? (= Schritt 3)

Jetzt wieder gut hinhören und die Antworten hinterfragen. Sobald Sie genug wissen und genau verstehen, was der Kunde an seinem heutigen Lieferanten schätzt, gehen Sie zum Schritt 4 und 5. Vielleicht mit diesen Worten:

V: *Sehr schön! Dies sind eigentlich genau die Stärken, die unsere Kunden bei uns auch schätzen. Das Beste ist, Sie testen uns. Dann haben Sie eine Vergleichsmöglichkeit (= Schritt 4). Was ist Ihr nächster Bedarf? (= Schritt 5)*

Eine gute Frage, die Sie bei der Einwandbehandlung (und nicht nur hier) praktisch immer einsetzen können, ist auch die

Superfrage
Wie meinen Sie das?

Diese Frage ist gewissermaßen der „Notnagel“ für alle Fälle, wenn Ihnen nichts mehr (beziehungsweise nichts Besseres) einfällt. Deshalb bezeichne ich diese Frage als Superfrage!

Bumerang-Methode

Bei der Bumerang-Methode wird (wie der Name es schon sagt) der Einwand des Kunden direkt zurückgegeben und als Begründung verwendet, dass er gerade aus diesem Grund kaufen sollte. Beispiel:

K: *Dies ist mir zu teuer.*

V: *Die Kosten sind natürlich ein wichtiger Punkt (= Schritt 2). Aber genau deshalb sollten Sie sich für dieses Produkt entscheiden. Die Materialkosten sind zwar etwas höher als bei anderen Produkten. Dafür ist die Anwendung viel einfacher und Sie sparen sich einen Arbeitsgang und damit viele Arbeitsstunden für die Applikation. Ihre Gesamtkosten sind dadurch deutlich günstiger als mit den bisherigen Produkten (= Schritt 3 und 4). Und niedrigere Gesamtkosten sind doch schlussendlich das, was Sie wollen – oder nicht? (= Schritt 5)*

Zugegeben: Die Bumerang-Methode kann nicht sehr oft eingesetzt werden. Dies geht nur, wenn (aufgrund von Erfahrungen und Referenzwerten) eine klare und schlüssige Argumentation möglich ist. Aber wenn die Bumerang-Methode eingesetzt werden kann, macht die Einwandbehandlung so richtig Spaß!

Selbstbekehrungs-Methode

Bei dieser Methode entkräften Sie die Einwände mit Erfahrungen von anderen Kunden:

K: *Meine Mitarbeiter sind das heutige Produkt gewöhnt und sehr zufrieden. Die Umstellung auf ein neues Produkt ist schwierig und viel zu aufwendig.*

V: *Gut, dass Sie das ansprechen (= Schritt 2). Viele Kunden haben so gedacht und gezögert. Bei der Anwendung hat sich dann gezeigt, dass die Mitarbeiter sehr schnell und problemlos auf dieses Produkt umstellen können. Bereits nach der zweiten Anwendung sind sie rund 10 Prozent schneller und produktiver als vorher (= Schritt 3 und 4). Und die*

Steigerung der Produktivität ist doch auf für Sie wichtig – oder nicht? (= Schritt 5)

Vorwegnahme-Methode

Wenn in der Mehrheit der Verkaufsgespräche immer der gleiche Einwand kommt, empfehle ich Ihnen die Vorwegnahme-Methode. Jetzt warten Sie nicht mehr darauf, dass der Kunde den Einwand bringt, sondern Sie bauen diesen Einwand bereits in der Phase des Angebots ein und sprechen ihn bewusst an:

V: *Powerbond 200 kostet zwar gegenüber den bisherigen Produkten rund 10 Prozent mehr. Dafür können Sie viel schneller weiterarbeiten und einen Boden innerhalb von einem Tag fertigstellen. Die etwas höheren Materialkosten werden durch die Einsparung an Lohnkosten um ein Mehrfaches kompensiert. Also haben Sie insgesamt tiefere Gesamtkosten. Und dies ist doch schlussendlich entscheidend – oder nicht?*

Die Erfahrung zeigt, dass es verkaufspsychologisch viel wirkungsvoller ist, wenn Sie einen wahrscheinlichen Einwand offen und von sich aus ansprechen. Dann weiß der Kunde, dass dieser Punkt bekannt ist. Und dass er die Kehrseite der übrigen Vorteile und Nutzen ist, die insgesamt klar für das Produkt sprechen. Damit ist dieser Aspekt gar kein Nachteil mehr, sondern etwas, was erst all die Vorteile möglich macht.

Relativierungs-Methode

Bei dieser Methode relativieren Sie (wie es der Name schon sagt) den Einwand. Gerade beim Preiseinwand (zu teuer) kann sich diese Methode anbieten. Zum Beispiel beim Küchenverkauf. Dem Kunde gefällt zwar die besprochene Variante und Ausführung, er findet aber Ihren Preis von 25.000 Euro zu teuer und tendiert zu einem anderen Angebot von 20.000 Euro:

V: *Wie gefällt Ihnen diese Küche?*
K: *Die Küche ist wirklich sehr schön. Aber mit 25.000 Euro viel zu teuer.*

V: *Wie meinen Sie das? (Superfrage!)*

K: *Die Küche ist rund 25 Prozent teurer als eine andere Küche, welche eigentlich auch ganz schön ist und völlig genügt.*

V: *Sie haben recht – 5.000 Euro ist viel Geld (= Schritt 2). Aber eine Küche wird in der Regel 15 bis 25 Jahre genutzt. Auf 20 Jahre gerechnet sind 5.000 Euro pro Jahr Mehrkosten von 250 Euro. Pro Tag also weniger als 70 Cent. Dafür können Sie sich jeden Tag über Ihre Küche freuen und Sie werden nie das Gefühl haben, dass Sie am falschen Ort gespart haben (= Schritt 3 und 4). Und sind wir ehrlich: 70 Cent pro Tag gibt man doch für dümmere Sachen aus – oder nicht? (= Schritt 5)*

Reframing-Methode

Die Reframing-Methode kommt eigentlich aus der NLP (Neurolinguistischen Programmierung) und kann sinngemäß mit Umdeutungs-Methode übersetzt werden. Die Idee ist einfach: Der Kunde nennt einen Einwand, welcher für ihn negativ ist. Sie deuten nun um und geben diesem Einwand eine positive Bedeutung. Eine klassische Umsetzung dieser Methode ist etwa die bekannte Aussage „Qualität hat halt ihren Preis". Beispiel:

K: *Der Preis ist mir zu hoch.*

V: *Sie haben recht, das Produkt ist etwas teurer als vergleichbare (= Schritt 2). Dafür bekommen Sie eine ganz andere Qualität – Qualität hat halt ihren Preis!*

Diese klassische Anwendung kann in bestimmten Situationen immer noch funktionieren. Wobei vielfach zu empfehlen ist, dem Kunden auch (nochmals) konkret aufzuzeigen, was für ihn die Vorteile dieser höheren Qualität sind, was er also ganz genau für einen Nutzen davon hat.

Eine andere Variante der Reframing-Methode kann mit folgendem Beispiel illustriert werden:

K: *Das ist aber schon ein stolzer Preis.*

V: *Sie haben recht, die Maßnahme ist natürlich nicht ganz billig (= Schritt 2). Aber entscheidend ist schlussendlich doch nicht, was es kostet, sondern was es bringt. Mit dem von uns besprochenen Programm haben Sie die Sicherheit, dass wir Ihre Mitarbeiter in die Umsetzung bringen und den angestrebten Mehrumsatz auch tatsächlich realisieren können. Das Programm bezahlt sich eigentlich von selbst, die ganze Investition rechnet sich (= Schritt 3 und 4). Und dies ist doch schlussendlich entscheidend – oder nicht? (= Schritt 5).*

Überhör-Methode

Eine weitere Art der Einwandbehandlung kann die Überhör-Methode sein. Ja, Sie lesen richtig: Überhör. Viele Teilnehmer zweifeln zuerst an dieser Methode oder halten sie gar für unmöglich: „Wenn der Kunde einen Einwand hat, dann muss dieser doch zuerst ausgeräumt werden. Wenn ich den Einwand überhöre, also nicht darauf eingehe, fühlt sich der Kunde nicht ernst genommen, vielleicht sogar veralbert."

Sicher haben diese Überlegungen eine gewisse Berechtigung. Aber die Erfahrung zeigt, dass die Einwände des Kunden nicht immer so absolut sind, wie wir vielleicht meinen. Der Kunde weiß doch, dass es bei vielen Produkten neben Vorteilen (mit Nutzen) auch Nachteile geben kann. Deshalb muss schlussendlich abgewogen werden, welche Seite überwiegt.

Wie können Sie die Überhör-Methode in der Praxis konkret einsetzen? Indem Sie auf den Einwand des Kunden nicht eingehen und (nach einer kurzen Pause) von etwas anderem zu sprechen beginnen. Beispiel:

K: *Das ist aber ein stolzer Preis.*

V: (ein bisschen nachdenklich schweigend) … *Ein weiterer Vorteil dieses Produktes ist … Oder: Was Sie bei der Anwendung unbedingt beachten müssen, ist …*

Die Überhör-Methode funktioniert in der Praxis viel öfter, als manche meinen. Sie können sich beim Einsatz dieser Methode natürlich auch täuschen. Nämlich wenn der Einwand für den Kunden doch zentraler ist, als Sie gedacht haben. Dann wird der Kunde mit dem Einwand nochmals kommen und darauf beharren. Ist das schlimm? Nein – jetzt gehen Sie auf diesen Einwand ein und behandeln ihn.

Wer nichts weiß, dem bleibt nur der Preis

Wir haben jetzt bereits sieben Einwandbehandlungs-Methoden kennengelernt. Selbstverständlich gibt es noch viele weitere. Wenn Sie Ihre Produkte mit den Einsatzmöglichkeiten und Erfahrungen kennen, haben Sie genügend Ansatzpunkte, um die Einwände des Kunden zu entkräften beziehungsweise zu relativieren. Wichtig ist, dass Sie die Hauptvorteile mit dem jeweiligen Kundennutzen kennen und gut vorbereitet sind (also Ihre Hausaufgaben gemacht haben). Dann wird es Ihnen auch möglich sein, mit Beispielen von zufriedenen Kunden zu argumentieren. Wenn nicht, gilt die obige Überschrift, welche einer der wichtigsten Merksätze im Verkauf ist:

Merke
Wer nichts weiß, dem bleibt nur der Preis!

Viele Verkäufer sagen mir, dass die Unterschiede zwischen den Anbietern immer kleiner werden: „Heute sind doch alle Produkte und Firmen sehr vergleichbar. Es gibt doch gar keine schlechten Produkte mehr. Damit gibt es auch keine Möglichkeit, gegenüber Konkurrenzprodukten und -firmen mit Vorteilen und Zusatznutzen zu argumentieren!"

Diese Situation ist vielleicht sogar zutreffend, aber verkäuferisch gar nicht so schlimm, wie viele meinen. Angenommen, Sie hätten gegenüber Mitbewerbern tatsächlich keine Produktvorteile mehr zu bieten, weil alle Produkte praktisch vergleichbar sind. Damit haben Sie zwar keine Vorteile. Auf der anderen Seite aber auch keine Nachteile, also gleich lange Spieße. Und dies ist doch schon einmal positiv – oder nicht?

Was macht ein Top-Verkäufer in dieser Situation? Er denkt (bewusst oder unbewusst): Die Konkurrenz kann zwar Vergleichbares bieten, hat aber einen großen Nachteil: Sie hat mich nicht. Also: ***Ich mache den Unterschied!***

Wie machen Top-Verkäufer den Unterschied? Auch im Verkauf gilt das bekannte Sprichwort: Viele Wege führen nach Rom!

Tatsächlich findet man unter den Spitzenverkäufern ganz verschiedene Verkäuferpersönlichkeiten, welche sich in Bezug auf ihre Verhaltensausprägungen (und damit ihren Weg) unterscheiden. Dies bestätigt eine entsprechende Untersuchung von rund 500 Verkäufern mit der INSIGHTS MDI Potenzialanalyse (Schimmel-Schloo 2006).

Welche Wege gibt es, die Kundenbeziehungen aufzubauen und zu pflegen? Gewisse Top-Verkäufer sind fachlich stark und geben den Kunden wertvolle Tipps. Andere setzen sich weit überdurchschnittlich ein und sind für die Kunden (prompt, zuverlässig, hilfsbereit und einsatzfreudig) da. Der dritte kann in hohem Ausmaß Begeisterung erzeugen und Kunden motivieren. Der vierte baut auch außerhalb des Geschäftlichen enge Beziehungen zu seinen Kunden auf, womit er mehr Nähe bekommt. Der fünfte hat ein ausgedehntes Kontakt- und Beziehungsnetz, aus welchem er seinen Kunden gezielt interessante und nützliche Informationen weiterleitet. Diese Ansatzpunkte können natürlich (in unterschiedlichen Verhältnissen) kombiniert und gemischt werden.

Was machen diese Beobachtungen und Überlegungen deutlich? Als Verkäufer haben Sie wirklich sehr viel in der eigenen Hand. Überlegen Sie sich deshalb ganz bewusst, wie Sie persönlich für Ihre Kunden den Unterschied machen wollen. Je klarer Ihre Antwort, umso systematischer können Sie an Ihrem Profil und Erfolg arbeiten. Auch hier gilt jedoch: ***Ohne Fleiß kein Preis!*** (altes Sprichwort) oder ***Es gibt nichts Gutes, außer man tut es!*** (Erich Kästner)

Einwand oder Vorwand?

Nicht alle Einwände sind tatsächliche Einwände. Kunden bringen oft auch Vorwände. Was ist der Unterschied?

Einwände sind wahre Gründe, wieso der Kunde nicht kaufen will. Vorwände hingegen sind nur vorgebrachte Gründe. Wenn Sie Einwände entkräften oder relativieren können, ist ein Abschluss möglich. Bei Vorwänden nützt Ihnen dies jedoch nichts. Der Kunde wird sich trotzdem nicht für Sie entscheiden, weil sich gewissermaßen hinter dem Vorwand noch ein weiterer Grund verbirgt – der wahre Einwand.

Dass Kunden Verkäufern oft völlig falsche Gründe nennen, war auch schon Frank Bettger bewusst. Während Jahren konnte er sich nicht erklären, wieso. Bis er von einem amerikanischen Geschäftsmann folgende Aussage hörte (Bettger 2011: 89): *„Der Mensch hat zwei Gründe, wenn er etwas kauft. Denjenigen, den er nennt, und einen zweiten, den wahren."* Diese Aussage gilt natürlich nicht nur für den Kauf, sondern auch für die Begründung des Nichtkaufs.

Woran erkennen Sie, ob der vorgebrachte Grund wahr oder nur ein Vorwand ist? An nichts! Jeder Vorwand kann auch ein Einwand sein und umgekehrt. Deshalb müssen Sie zuerst herauszufinden, ob der genannte Grund ein Einwand oder nur ein Vorwand ist. Dazu eignen sich zwei Fragen, die Sie auch kombiniert einsetzen können:

1. Gibt es neben diesem Grund noch einen weiteren Punkt, der gegen unser Angebot spricht?

2. Wenn wir in Bezug auf diesen Punkt eine Lösung finden, würden Sie sich dann für uns entscheiden? Oder: Angenommen, wir finden in Bezug auf diesen Punkt eine Lösung. Würden Sie dann unser Angebot annehmen?

Wieso nennen Kunden einem Verkäufer einen Vorwand und nicht den wahren Grund? Ganz einfach: Vielen Kunden fällt es schwer, den tatsächlichen Einwand (bin zufrieden mit dem heutigen Lieferanten, ein Wechsel ist mir zu mühsam, ich schätze die heutige Lieferantenbeziehung etc.) direkt anzusprechen. Ganz besonders, wenn sie den Verkäufer sympathisch finden und sehen, dass er sich einsetzt und viel Mühe gibt. Vielleicht wollen sie den Verkäufer nicht verletzen oder eine lange Diskussion vermeiden. Mit den entsprechenden Vorwänden:

- Ihr Angebot ist zu teuer! Oder:
- Ich habe heute Vorzugskonditionen, die Sie gar nicht bieten können. Oder:
- Meine Mitarbeiter sind das heutige Produkt so gewöhnt, dass eine Umstellung sich gar nicht lohnt. Oder:
- Der heutige Lieferant ist so nahe, dass für uns die Zusammenarbeit am einfachsten ist.

Viele sind oft erstaunt, dass der Preis als Vorwand auf dieser Liste ganz oben steht. Leider denken viele Verkäufer (bewusst oder unbewusst), dass sich heute alles nur noch um den Preis dreht („Geiz ist geil" lässt grüßen). Deshalb betrachten sie den Preis (zu teuer) immer als Einwand. Wenn sie dann bei einem Kunden wirklich einen Auftrag holen wollen, machen sie dem Kunden in einem neuen Angebot Hammerkonditionen, die er gar nicht ausschlagen kann. Wie reagiert der Kunde?

Es gibt Fälle, wo ein Kunde bei Hammerkonditionen aufgrund des Preises erstmals kauft. Der Preis-Verkäufer fühlt sich jetzt natürlich bestätigt („Da sehen wir es einmal mehr. Es ist alles nur eine Frage des Preises!"). Nur sollte er sich nicht zu früh freuen. Entweder sind die Preise so ruinös, dass kein anderer Anbieter nachziehen kann. Dann liefert er zwar weiter, wird aber nichts mehr verdienen beziehungsweise sogar nicht einmal alle Kosten abdecken können. Oder es ist nur eine Frage der Zeit, bis der Preis-Kunde wieder bei einem anderen Lieferanten kauft, der ihm noch bessere Konditionen bietet. Denn: ***Kunden, welche nur über den Preis kaufen, sind nicht unsere Kunden. Sie gehören dem Lieferanten, welcher jeweils den tiefsten Preis macht!***

In den meisten Fällen werden die Verkäufer beim Nachfassen aber (trotz Hammerkonditionen) hören müssen, dass das Angebot jetzt zwar interessanter, aber insgesamt immer noch zu teuer gewesen sei. Deshalb habe er beim anderen Lieferanten gekauft. Die volle Wahrheit wird vom Käufer meist verschwiegen. In gewissen Fällen wäre nämlich das Angebot in Bezug auf den Preis tatsächlich interessanter gewesen. Aber der bisherige Lieferant konnte preislich beim Kunden noch etwas machen und bekam so den Auftrag. Entweder weil der Verkäufer aktiv nachgefasst oder der Kunde sich sogar selbst gemeldet hat.

Verkaufsmathematik: Sympathie>Vertrauen>Nutzen>Preis (S>V>N>P)

Wenn man sich diese Realitäten bewusst macht, merkt man, wie viel Wahrheit in folgendem Verkaufsgrundsatz steckt: ***Sympathie kommt vor Vertrauen, Vertrauen kommt vor Nutzen, Nutzen kommt vor Preis!***

Dieser Satz ist so etwas wie eine Basisformel für den Verkauf. Welche Aussagen und Verkaufsgrundsätze beinhaltet er?

- Wenn Sie einem Kunden einen Zusatznutzen bieten können, ist er auch bereit, etwas mehr zu bezahlen.
- Zusatznutzen allein bringt Ihnen aber nichts. Wenn der Kunde kein Vertrauen zu Ihnen hat, wird er nicht kaufen.

- Wenn zwei Lieferanten Vergleichbares anbieten, wird sich der Kunde für den Anbieter entscheiden, zu welchem er das größere Vertrauen hat, also für seinen bisherigen Lieferanten. Auch mit einem Hammerangebot wird er nicht wechseln (siehe Beispiel oben).
- Bevor Sie das Vertrauen gewonnen haben, sind auch die besten Verkaufsargumente (Nutzenketten) wirkungslos.
- Der erste Schritt im Verkauf muss also darin bestehen, das Vertrauen des Kunden zu gewinnen. Am einfachsten, indem Sie sich für den Kunden interessieren und den Kunden zum Reden bringen (beziehungsweise einfach reden lassen). Durch intensives Zuhören (beziehungsweise besser: Hinhören oder Hineinhören) und mit den entsprechenden Fragen finden Sie heraus, was der Kunde braucht, wie er denkt und was er will.
- Damit der Kunde überhaupt mit Ihnen reden will und sich Zeit für das Gespräch nimmt, muss zuerst der Sympathiefunken springen. Hier sind wir wieder beim Thema aus der ersten Phase der Gesprächsführung: Die Bedeutung und Wichtigkeit des ersten Eindrucks!

2.6 Phase des Abschlusses

Bei der Gesprächsführung fehlt uns jetzt noch die letzte Phase. Die Bedeutung und Wichtigkeit dieser Phase im Verkauf wird durch folgende Merksätze verdeutlicht: ***Kein Gespräch ohne Abschluss! Ohne Abschluss ist alles nichts!***

Wie wir einleitend schon besprochen haben, kann ein Gesprächsabschluss nicht immer eine Bestellung oder ein Auftrag sein. In vielen Fällen sind dazu mehrere Kontakte und Gespräche nötig. Bei jedem Gespräch muss jedoch als Abschluss zumindest das weitere Vorgehen (der nächste Schritt) vereinbart werden.

Jetzt sagen viele, dass dies doch selbstverständlich ist und in der Praxis auch so gemacht wird. Viele Verkäufer begnügen sich aber oft mit folgenden Abschlussfragen:

V: *Bis wann wissen Sie mehr? oder Wann soll ich mich wieder bei Ihnen melden?*

Wenn Sie aber nicht genau besprochen haben, wann, wo und wie der Kunde ein Produkt einsetzen könnte beziehungsweise was genau noch geklärt werden muss, ist ein solcher Abschluss zu wenig. Die Gefahr ist groß, dass Sie dann beim Nachfassen auf Grund laufen und das Ganze versandet.

Größtmögliche Verbindlichkeit

Entscheidend ist, dass Sie in der Abschlussphase mit dem Kunden die Anwendungsmöglichkeiten des besprochenen Produktes so konkret wie möglich klären und in Bezug auf den nächsten Schritt eine größtmögliche Verbindlichkeit erreichen. In dieser Beziehung ist es in der Regel mit einer globalen Abschlussfrage nicht getan (außer der Kunde bestellt), sondern es müssen mehrere Fragen gestellt und mehrere Punkte geklärt werden.

Beispiele:
- Bei welchem Objekt könnten Sie das Produkt einsetzen und testen? Welche Menge benötigen Sie dafür? Wann beginnen die Arbeiten? Mit wem soll ich den Produkteinsatz absprechen?
- Was genau müssen Sie noch abklären? Aus welchen Gründen? Mit wem? Bis wann? Wie könnte ich Sie in dieser Beziehung unterstützen?

Wenn Sie in der Abschlussphase solche Fragen stellen, werden beim Kunden plötzlich doch noch Einwände zum Vorschein kommen. Dann gehen Sie wieder eine Stufe zurück in die Phase der Argumentation (Einwandbehandlung). Dies ist auch gar nicht störend, sondern sogar sehr gut. Jetzt haben

Sie nämlich die Chance, diese Bedenken und Einwände zu entkräften beziehungsweise zu relativieren. Wenn diese Einwände nicht zum Vorschein gekommen wären, hätten Sie dies spätestens beim Nachfassen bemerkt. Damit verlieren Sie aber wertvolle Zeit und unter Umständen sogar die Verkaufschance, weil Sie gar nicht mehr an den Kunden rankommen. Den einleitenden Merksatz können wir somit noch etwas präzisieren:

Merke

Kein Gesprächsabschluss ohne größtmögliche Verbindlichkeit!

Aber aufgepasst: Der Teufel liegt im Detail. Dies möchte ich mit einem weiteren Beispiel illustrieren.

Ein Außendienstmitarbeiter (Großhandel Baumaterial) erzählte mir in einem Verkaufstraining, dass das Erstgespräch mit einem Kunden nie das Problem sei. Den Termin bekomme er auch bei Nichtkunden meist problemlos und das Gespräch sei immer offen und gut. Das große Problem sei dann aber, den Termin für das nächste Gespräch zu bekommen und den Kunden wirklich dazu zu bringen, dass er eine Bestellung macht.

Im Rahmen eines Training- und Coachingprogrammes bei einem Baumaterialhändler konnte ich mehrere Kunden-Erstgespräche begleiten. Dabei ist mir Folgendes aufgefallen: Wenn der Kunde nicht gerade einen aktuellen Bedarf hat (was meistens der Fall ist), wird vereinbart, dass der Kunde beim nächsten Objekt anfragt (für ein Angebot). Wann die nächste Anfrage zu erwarten ist, wer anfragen wird, wie angefragt wird und an wen der Kunde die Anfrage senden soll, bleibt meist unklar. Bei vielen Baumaterialhändlern werden die Angebote durch den Innendienst erstellt. Deshalb wird der Kunde in der Regel seine Anfrage auch direkt an die Firma beziehungsweise an den Innendienst senden. Vielfach nennt der Außendienst ihm auch gleich die zuständige Person im Innendienst, an welche er seine Anfrage richten soll.

Der Gesprächsabschluss in diesem Beispiel erscheint gar nicht so schlecht. Er birgt jedoch eine große Gefahr. Wenn der Kunde anfragt, muss es in der Regel schnellgehen. Der Innendienst wird im besten Fall innerhalb einer vernünftigen Zeit dem Kunden das Angebot zustellen (was aus meiner Sicht aber auch nicht glücklich ist – mehr dazu später). Das Risiko besteht jedoch, dass der Innendienst (wie so oft) überlastet ist. Dann werden (bewusst oder unbewusst) die guten Kunden zuerst bedient und die Anfrage des Neukunden bleibt liegen und das Angebot geht zu spät raus. Der Kunde wird in diesem Falle zu dem Schluss kommen, dass er doch besser beim bisherigen Lieferanten bleiben sollte.

Geschickter wäre, beim Erstbesuch zu vereinbaren, dass der Kunde seine Anfrage direkt an den Außendienst persönlich senden soll. Wie geht es jetzt weiter?

Nach einem Neukunden-Erstgespräch besprach ich im Auto mit einem Außendienstmitarbeiter, wie er bei diesem Kunden weiter vorgehen sollte. Folgender Dialog hat sich ergeben (V = Verkäufer, I = Ich):

I: *Wie wirst du bei diesem Kunden weiter vorgehen?*
V: *Ich warte, bis er mir eine Anfrage schickt.*
I: *Und wenn du nichts bekommst?*
V: Dann werde ich ihn nach zwei Wochen anrufen und nachfragen.
I: *Und wenn die Anfrage kommt?*
V: Dann werde ich zum Innendienst gehen, damit er die Offerte rechnet.
I: *Und was machst du in Bezug auf die Offerte?*
V: Ich schau natürlich, dass der Kunde die Offerte spätestens innerhalb von 24 Stunden bekommt.

Finden Sie dieses Vorgehen des Verkäufers gut? Ich nicht! Es entspricht zwar meist (leider) dem üblichen Ablauf, ist verkäuferisch aber nicht sehr geschickt. Die Gefahr ist doch groß, dass wir in Bezug auf die Preise gegenüber dem bisherigen Lieferanten (mit der besseren Geschäftsbeziehung und den größeren Umsätzen) etwas teurer sind. Dann ist die Sache gelaufen. Der Kunde kommt als Fazit wieder zu dem Schluss, dass er mit seinem bisherigen Lieferanten besser fährt.

Auch wenn wir mit unserem Angebot preislich interessanter wären, haben wir dann automatisch den Auftrag? Eben nicht! Wie es die Verkaufsformel S>V>N>P so schön auf den Punkt bringt, wird der Kunde in der Regel zögern. Wenn der bisherige Lieferant preislich nachzieht, wird dieser den Auftrag bekommen. Denn das Vertrauen zu uns kann (nach nur einem Erstgespräch) noch gar nicht so groß sein wie zu seinem bisherigen Lieferanten.

Wie könnte man als Verkäufer in dieser Situation anders vorgehen? Indem man sich nach Erhalt der (schriftlichen) Anfrage sofort telefonisch beim Kunden meldet. Folgender Dialog könnte sich dann mit dem Kunden abspielen:

V: *Vielen Dank für Ihre Anfrage. Bis wann brauchen Sie das Material?*
K: *Bis Ende nächster Woche.*
V: *Und wann werden Sie den Auftrag vergeben?*
K: *Am nächsten Montag.*
V: *Sehr gut. Am Montag könnte ich um 16.00 Uhr bei Ihnen sein. Geht das?*
K: *Ja, das passt. Und das Angebot?*
V: *Bringe ich selbstverständlich gleich mit.*

Mit diesem Vorgehen erreichen Sie, dass Sie kurz vor der Auftragsvergabe einen persönlichen Kontakt mit dem Kunden haben. Dann sind alle eingeholten Angebote auf dem Tisch. Wenn Sie vorgängig kein schriftliches Angebot zustellen, vermeiden Sie weitere Abgebotsrunden und Preistreibereien. Ihre Grundhaltung im Verkaufsgespräch beim Kunden ist dabei, dass es eigentlich nur um eine Erstbestellung geht. Der Kunde soll Sie und Ihre Firma kennenlernen, damit er Ihre Leistungsfähigkeit persönlich beurteilen kann. Und wenn es um einen Test geht, ist der Preis nicht vorrangig. Bei Preisgleichheit muss er bei Ihnen bestellen (er hat ja nichts zu verlieren)!

Im Verkauf gibt es keine Erfolgsgarantie

Dieses Vorgehen wird natürlich nicht immer funktionieren. Aber es kann! Deshalb ist es wichtig, dass Sie es auch auf diese Art und Weise versuchen. Je besser das Erstgespräch, je schneller die erste Anfrage kommt, umso größer sind die Erfolgschancen!

An dieser Stelle möchte ich auf eine weitere Tatsache im Verkauf hinweisen (in diesem Falle sogar ein Originalzitat von mir):

Merke
Verkaufen ist ein Quotengeschäft!

Was will ich mit diesem Satz deutlich machen? Eine Erfolgsgarantie, also eine Erfolgsquote von 100 Prozent wird es im Verkauf nie geben. Wer nicht mit dem Nein leben und umgehen kann, wird es im Verkauf schwerhaben. Ich bin aber überzeugt, dass man mit einem verkäuferisch geschickteren Vorgehen und Verhalten die jeweiligen Erfolgsquoten deutlich verbessern kann.

Auf das Beispiel von oben übertragen, könnte das Folgendes bedeuten. Nehmen wir an, dass mit dem bisherigen Vorgehen (Erstanfrage geht an den Innendienst, das Angebot wird schriftlich zugestellt) eine Erfolgsquote von 20 Prozent erzielt wurde. Also haben 20 Prozent der Kunden nach dem Erstbesuch und der ersten Anfrage auch bestellt. Mit dem alternativen Vorgehen (Anfrage an den Außendienst, persönlich bedanken und Termin vereinbaren, das Angebot wird nur mündlich besprochen und verhandelt) steigt die Erfolgsquote vielleicht auf 40 Prozent. Dies würde eine Erfolgssteigerung von 100 Prozent bedeuten, doppelt so viele Bestellungen nach einem Erstbesuch wie vorher!

Das neue Vorgehen hat sich somit bewährt und viel gebracht. Ich kenne aber Außendienstmitarbeiter, die mir bei diesen Quoten sagen würden: „Aber immer noch 60 Prozent Misserfolg. So gut ist dieses Vorgehen doch nicht!".

Erinnern Sie sich noch an das erste Kapitel dieses Buches mit den drei Säulen des Erfolgs? Welche der drei Säulen ist erfahrungsgemäß die wichtigste? Die Einstellung! Mit der richtigen Einstellung wird man jede Möglichkeit nutzen und ausprobieren, um seine Erfolgsquoten zu steigern. Dank des Mehrerfolgs steigt die Motivation. Wo es nicht funktioniert, wird man analysieren: Was genau ist passiert? Was waren die Gründe? Wie könnte ich mich in dieser Situation zukünftig anders verhalten? Was gibt es jetzt noch für andere Möglichkeiten, um bei diesem Kunden trotzdem zu einer ersten Bestellung zu kommen?

Wie gesagt: Der Teufel liegt im Detail. Aber jeder Verkäufer, der sich mit den Details intensiv auseinandersetzt, neue Wege ausprobiert, sich über Erfolge freut und versucht, aus Misserfolgen zu lernen, wird (zwangsläufig) immer besser! Auf unser Beispiel oben übertragen: Ich bin sogar überzeugt, dass bei Erstbesuchen Erfolgsquoten von 60 Prozent Erstbestellungen möglich sein sollten.

Planen Sie den nächsten Schritt

Das Beispiel aus dem Baumaterialhandel macht aus meiner Sicht noch etwas anderes deutlich. Damit Sie in der Abschlussphase eine größtmögliche Verbindlichkeit erreichen können, müssen Sie als Verkäufer genau wissen, wie der nächste Schritt ablaufen kann und soll. Jetzt müssen Sie weiter dranbleiben und ***innerhalb einer angemessenen Frist*** erreichen, dass der vereinbarte nächste Schritt (in diesem Falle die Angebotserstellung und -besprechung) optimal abläuft. Somit gilt: ***Mit dem Abschluss plane ich bereits den nächsten Schritt!***

Oben habe ich „innerhalb einer angemessenen Frist" hervorgehoben. Damit möchte ich auf eine Gesetzmäßigkeit aufmerksam machen, die bei Verkäufern oft vergessen wird. Wenn Sie mit einem Kunden ein gutes Verkaufs- und Beratungsgespräch führen, wird das Interesse des Kunden sehr hoch sein. Anders ausgedrückt: Die emotionale Befindlichkeit des Kunden (gegenüber Ihrer Person und damit auch in Bezug auf Ihre Firma und Leistungen) ist sehr positiv. Nach dem Gespräch wird sein Interesse aber allmählich nachlassen und zurückgehen.

Bezogen auf die Zeitachse sieht die Interessenskurve etwa wie folgt aus:

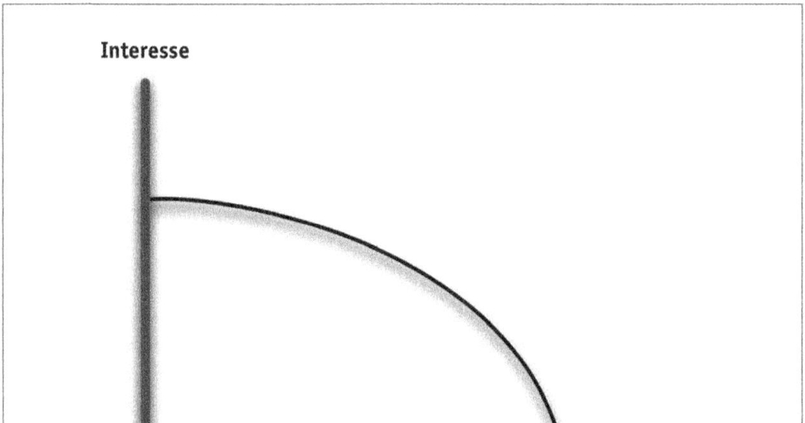

Abbildung 4: Verlauf des Kundeninteresses über die Zeit (= Interessenskurve)

Eine zentrale Frage ist nun: Wie lange dauert es nach einem Verkaufsgespräch, bis das Interesse beim Kunden praktisch wieder bei Null ist?

Auf diese Frage bekomme ich in meinen Trainings verschiedene Antworten. Gewisse Teilnehmer nennen drei bis vier Monate. Andere sagen drei bis vier Wochen. Wieder andere meinen sogar nur ein paar Tage.

Alle Antworten können richtig sein. Es kommt natürlich auf die Art des Kundenkontaktes an (Anlass, Dauer, Inhalte, Ablauf, Abschluss etc.). Ein Merkmal unserer heutigen Zeit ist aber auch, dass alles immer schneller und kurzfristiger wird. Kunden haben immer mehr Hektik, einen weiter zunehmenden Druck vom Markt im Nacken und kämpfen mit einer steigenden Informationsflut in Bezug auf Produkte und Anbieter. Deshalb bin ich überzeugt, dass die Interessenskurve in den letzten Jahren steiler geworden ist, es also noch schneller geht, bis zum Beispiel nach einem Erstgespräch das Interesse des (potenziellen) Kunden wieder nahe bei Null ist.

Im Verkauf ist es mit dem ersten Schritt (dem Erstgespräch) meist nicht getan. Jetzt müssen Sie dranbleiben. Setzen Sie sich Nachfasstermine und sorgen Sie dafür, dass innerhalb einer angemessenen Frist ein Folgekontakt erfolgt. Nur so können Sie das Interesse beim Kunden hoch halten beziehungsweise wieder rechtzeitig nach oben bringen und verhindern, dass es gegen Null tendiert. Daraus ergibt es sich ein weiterer Grundsatz:

Merke

Nur mit Nachfassen kann ich verhindern, dass der Kunde sein Interesse verliert!

Schaffen Sie sich Zeit für die Abschlussphase

In der Abschlussphase wollen Sie mit dem Kunden den nächsten Schritt besprechen und eine größtmögliche Verbindlichkeit erreichen. Das braucht natürlich seine Zeit. Diese Zeit müssen Sie einplanen und im Verkaufsgespräch die Abschlussphase rechtzeitig angehen.

Wo holen Sie sich die Zeit für die Abschlussphase? Indem Sie den Kunden öffnen (zum Reden bringen beziehungsweise reden lassen) und eine systematische, zielorientierte Analyse durchführen. Dann können Sie die Angebotsphase wesentlich kürzer halten als üblich (in der Kürze liegt die Würze!) und aus der Angebotsphase direkt in die Abschlussphase gehen. Mit möglichen Einwänden oder Vorwänden müssen Sie geschickt und abschlussorientiert umgehen können, damit Sie möglichst rasch wieder zur Abschlussphase kommen.

Eine interessante Frage ist, wie sich die Gesprächszeit jeweils auf die fünf Gesprächsphasen verteilt. Wie sieht die Zeitaufteilung bei einem schlechten, wie bei einem guten Verkäufer aus? Klar ist es schwierig, von einem typischen Verkaufsgespräch zu reden, da es sehr unterschiedliche Verkaufssituationen und Verkäufer gibt. Gute Verkäufer haben aber einen anderen Verkaufsstil, der den von uns besprochenen Empfehlungen entspricht oder zumindest sehr nahe kommt. Bei einem schlechten Verkaufsstil denke ich an die Verkäufer (von denen es leider immer noch zu viele gibt), die mit der Tür ins Haus fallen, viel zu viel reden, eine Analyse (wenn überhaupt) nur rudimentär und oberflächlich durchführen und für das Präsentieren (gerade auch aufgrund der schlechten Analyse) zu viel Zeit ver(sch)wenden. Einwände sind damit programmiert, und für die Abschlussphase fehlt dann die (nötige) Zeit.

Gesprächsphasen	Schlechter Verkäufer	Guter Verkäufer
Aufmerksamkeit	0 – 20 %	0 – 20 %
Analyse	0 – 10 %	30 – 40 %
Angebot	50 – 60 %	10 – 20 %
Argumentation	10 – 30 %	0 – 20 %
Abschluss	0 – 5 %	10 – 20 %
Gesamtzeit	100 %	100 %

Abbildung 5: Verteilung der Gesprächszeit auf die fünf Gesprächsphasen

Die Tabelle oben ist natürlich eine Zahlenspielerei. Damit wird aber verdeutlicht, was in Bezug auf die Gesprächsführung wichtig ist:

- Umfang der Aufmerksamkeitsphase je nach Kundentyp (dazu später mehr)
- mehr Zeit für eine (gründliche und umfassende) Analyse
- weniger Zeit für die Angebotsphase (= Präsentieren)
- abschlussorientiert präsentieren, das heißt aus der Angebots- direkt in die Abschlussphase
- mehr und genügend Zeit für die Abschlussphase
- rasches Erkennen von Vorwänden
- geschickte und abschlussorientierte Einwandbehandlung, welche möglichst rasch zur Abschlussphase zurückführt

Selbstverständlich gibt es neben Erstgesprächen noch andere Arten von Verkaufsgesprächen, wo diese Verteilung wieder etwas anders aussehen wird. Tendenziell werden die Aussagen von oben jedoch auch dort zutreffen. Aber wie immer gilt auch hier: ***Keine Regel ohne Ausnahme. Und die Ausnahme bestätigt die Regel!***

Die wichtigsten Abschlusstechniken

In der Abschlussphase wird die Abschlusstechnik wichtig. Dies ist ein weiterer Klassiker der Verkaufslehre. Mithilfe der Abschlusstechnik wollen wir den Kunden zu einer Entscheidung führen, eben den Abschluss holen. Dabei werden verschiedene Abschlussarten unterschieden. Hier die wichtigsten:

Geschlossene Abschlussfragen:
- Dann kann ich Ihnen dies so bestätigen?
- Dann sind wir uns so einig?
- Dann möchten Sie Typ A bestellen?

Offene Abschlussfragen:
- Wann haben Sie das nächste Objekt, wo Sie dieses Produkt einsetzen könnten?
- Was für einen Bedarf haben Sie?
- Wann brauchen Sie das Material?
- Welches System wäre für Sie das richtige?
- Wie viel Stück brauchen Sie?
- Wann möchten Sie das Produkt einsetzen?

Alternative Abschlussfrage (Alternativabschluss):
- Nehmen Sie jetzt die Basisausführung oder das Delux-Modell?
- Wollen Sie die Lieferung bereits in dieser Woche oder erst nächste Woche?
- Soll ich die Artikel mit der nächsten Sammellieferung bringen oder gibt es eine Speziallieferung?
- Sollen wir Ihnen die Ware liefern oder holen Sie ab?
- Sollen wir Ihnen ins Magazin liefern oder direkt auf die Baustelle?

Zustimmungsabschluss (Ja-Straße):
Diese Abschlussmethode kombiniert mehrere Frageformen. Bevor die Abschlussfrage gestellt wird, werden zuerst zwei bis vier Jas vom Kunden abgeholt. Die Erfahrung zeigt, dass es dem Kunden aufgrund der vorherigen Zustimmung dann immer schwerer fällt, auf die entscheidende Abschlussfrage noch mit Nein zu antworten. Ein Beispiel:

V: *Fassen wir nochmals zusammen. Sie brauchen die Lieferung bis spätestens in vier Wochen. Ist das richtig?*
K: *Ja.*
V: *Und Sie bevorzugen die Variante XY?*
K: *Ja.*
V: *Und Ihnen ist wichtig, dass wir Sie bei der Installation unterstützen?*
K: *Ja.*
V: *Sehr gut, dann sind wir uns ja einig?* oder
Alles klar. Soll ich Ihnen die Lieferung so bestätigen? oder
Sehr gut. Sollen wir Ihnen die Ware liefern oder holen Sie ab?

In Bezug auf die Wahl der Abschlussart sind folgende Aspekte wichtig:
- Die Erfolgsquoten der Abschlussarten sind erfahrungsgemäß sehr unterschiedlich.
- Am meisten Ablehnung gibt es bei geschlossenen Fragen, die größten Erfolgsquoten sind mit einer Alternativfrage oder dem Zustimmungsabschluss möglich.
- Je stärker die Kaufbereitschaft und Kaufsignale des Kunden, umso einfacher ist der Abschluss. Hier ist jede Frage gut, auch eine geschlossene.

Wie wichtig die Abschlusstechnik ist, kann ich mit einer kleinen Anekdote aus dem Privatleben illustrieren. Vor Jahren war meine Schwägerin mit ihrem fünfjährigen Sohn zu Besuch. Wir waren alle im Garten und genossen den Tag. Wir saßen zusammen, die Erwachsenen unterhielten sich. Der Junge (Nachzügler und das einzige Kind an diesem Tag) blieb zuerst ruhig sitzend bei uns. Mit der Zeit stand er auf und sah sich um. Plötzlich kam er zu mir und fragte mich: „Du, Lukas, kommst du mit mir spielen?" Ich sagte zu ihm: „Hab noch etwas Geduld – später." Er vertrieb sich seine Zeit, nach einer Weile kam er wieder und fragte: „Lukas – kommst du jetzt spielen?" Ich: „Wir wollen uns noch ein bisschen unterhalten – später vielleicht." Dann ging er wieder von dannen und schaute sich im Garten und Geräteraum etwas genauer um. Als er zum dritten Mal zu mir kam, stellte er mir eine ganz andere Frage: „Du, Lukas – spielst du lieber Boccia oder Kricket?"

Der Fünfjährige stellte mir eine klassische alternative Abschlussfrage! Jetzt konnte ich nicht mehr anders: Ich stand auf und spielte mit ihm. Wo hatte dieses Kind diese tolle Abschlusstechnik gelernt? Natürlich nirgends, sondern einfach intuitiv und spontan ausprobiert.

Aus meiner Erfahrung haben Kinder in der Regel viele positive verkäuferische Eigenschaften. Kinder sind doch meist

- interessiert,
- neugierig,
- wollen alles genau wissen,
- hinterfragen vieles (Warum?),
- können hartnäckig sein (Aber ...),
- sind offen,
- haben keine Vorurteile,
- sind spontan,
- kreativ,
- motiviert und
- haben Energie und Ausdauer bis zum Umfallen.

Dann werden Kinder zu Hause oder in der Schule erzogen und diszipliniert. So werden ihnen vielleicht gute verkäuferische Voraussetzungen wieder aberzogen. Wenn der eine oder andere im Verkauf landet, könnte er zu mir ins Verkaufstraining geschickt werden. Damit ich ihm das beibringe, was er bereits als Kind gekonnt hat!

Ich weiß, die Geschichte mit den Kindern hinkt etwas. Nicht alle Kinder sind gleich, nicht alle Kinder verlieren die verkäuferischen Fähigkeiten und Voraussetzungen im gleichen Ausmaß. Aber einen Kern an Wahrheit hat die Geschichte doch – oder nicht?

Kaufsignale erkennen und nutzen

Oben habe ich beiläufig das Wort „Kaufsignale" erwähnt. Dies ist ein weiterer zentraler Punkt in der Abschlusstechnik. Kaufsignale sind alle Hinweise und Anzeichen (eben Signale), dass der Kunde kaufen möchte beziehungsweise über einen Kauf nachdenkt.

Typische Kaufsignale sind, wenn der Kunde Interesse zeigt und/oder nach Details fragt:

- Sehr interessant!
- Geht das so einfach?
- Wie viel Erfahrung hat man mit diesem Produkt?
- Gibt es Referenzen in meinem Bereich?
- Wie lange sind die Lieferzeiten?
- Wer hat dieses Produkt am Lager?
- Was kostet dieses Produkt?
- Der Kunde nimmt das Produkt/Muster in die Hand.

Oder der Kunde zeigt in irgendeiner Form Zustimmung:

- Das sind ja entscheidende Vorteile, habe ich gar nicht gewusst!
- Das klingt nicht schlecht!
- Das hätte ich früher wissen müssen.
- Die Farbe gefällt mir.
- Schönes Design.
- Kopfnicken
- Positive und offene Körpersprache

Klare Kaufsignale sind auch Fragen über Einsatzmöglichkeiten. Diese Fragen zeigen, dass sich der Kunde Gedanken macht, ob und wie er das Produkt einsetzen könnte:

- Kann ich dieses Produkt auch für ... verwenden?
- Wir machen viele ... Ist hier der Einsatz des Systems überhaupt möglich?

Wenn der Kunde Kaufsignale sendet, gilt für Sie als Verkäufer nur noch Eines – zum Abschluss gehen! Wenn Sie alles richtig hinbekommen (Kunden öffnen, gut zuhören und analysieren und dann das Passende präsentieren) kann es Ihnen passieren, dass der Kunde bereits nach der ersten Stärke-Nutzenkette Kaufsignale zeigt.

Leider gibt es viele Verkäufer, die Kaufsignale des Kunden nicht einmal bemerken. Noch schlimmer: Vor lauter Freude (über das Interesse des Kunden) bleibt der Verkäufer in der Angebotsphase und spricht weiter: „Und ein weiterer Vorteil dieses Produktes ist ..."

Diese Verhaltensweise ist ineffizient und sehr gefährlich. Zum Beispiel wenn der Verkäufer Aspekte anspricht, die den Kunden verunsichern. Resultat: Das Interesse und die Kaufbereitschaft sinken, der Kunde braucht noch Bedenkzeit. Der Abschluss ist zerredet. Ein Fehler, der schon lange bekannt ist, aber immer noch nicht zu allen Verkäufern vorgedrungen ist.

Was folgt aus diesen Überlegungen? Man muss das Eisen schmieden, solange es heiß ist!

Dies ist ein bekanntes Sprichwort, das auch im Verkauf gilt. Wenn der Kunde Kaufsignale zeigt (also heiß ist), müssen Sie sofort zum Abschluss gehen. Verkaufstechnisch gilt folgender Grundsatz:

Merke

Bei Kaufsignalen des Kunden gehe ich sofort zum Abschluss!

Kaufsignale sind natürlich vor allem in der Angebotsphase zu erwarten. Sie können aber schon viel früher auftreten. Dazu ein interessantes Erlebnis.

Vor Jahren unterstützte ich einen Softwareanbieter als Trainer und Coach. Die Firma ist in ihrem Marktsegment in der Schweiz die klare Nummer 1, die Software ist im Vergleich zu anderen Anbietern umfassender und ausgereifter. Im Verkaufstraining klagten die Verkäufer, dass sie ohne Vorführung (Demo) die Software nicht verkaufen könnten. Diese Vorführungen dauerten zudem immer länger, zwei bis drei Stunden seien die Regel. Damit hätten sie gar nicht die Zeit, um so viele Neuabschlüsse zu holen, wie von ihnen verlangt würde.

Im Training wollte ich deshalb Strategien besprechen, wie auch ohne Vorführung verkauft beziehungsweise zumindest der Zeitumfang reduziert werden kann. Jede Idee und Möglichkeit wurde aber von den Teilnehmern als undenkbar (beziehungsweise nicht praxiskonform) taxiert.

Nach dem Trainingstag hatte ich die Gelegenheit, die Verkäufer bei jeweils ein bis zwei Kundenterminen zu begleiten. Ein Termin war in Zürich. Der Interessent wollte seine Tätigkeit in der Branche ausbauen und brauchte dazu eine professionelle Software. Für diesen Termin war vereinbart, dass der Verkäufer dem Eigentümer und den vier Mitarbeitern die Software präsentieren sollte. Wir waren pünktlich da, die Mitarbeiter auch, der Chef hatte Verspätung. Der Verkäufer bereitete alles für die Vorführung vor: Laptop hochfahren, Beamer anschließen, alles testen. Wir waren bereit und warteten auf den Chef. Dieser kam dann zehn Minuten später. Nach der Begrüßung sagte der Chef:

K: *Ich habe zufällig vor ein paar Tagen Frau Brunner getroffen, eine Bekannte von mir. Sie hat schon länger ein eigenes Unternehmen in dieser Branche und arbeitet seit zwei Jahren mir der Software Ihrer Firma. Sie hat mir versichert, dass diese Software wirklich die beste auf dem Markt sei und damit die Verwaltung wesentlich vereinfacht wird.*

Wie reagierte der von mir begleitete Verkäufer:

V: *Können wir jetzt mit der Vorführung beginnen?*

In diesem Falle kam das Kaufsignal bereits unmittelbar nach der Begrüßung, also noch in der Phase der Aufmerksamkeit. Trotzdem sollte man versuchen, dieses sofort zu nutzen. Der Verkäufer hat das starke Kaufsignal des Kunden aber gar nicht wahrgenommen. Er hatte alles für die Vorführung vorbereitet und wartete ganz ungeduldig auf seinen Einsatz.

Die Vorführung dauerte dann wieder zweieinhalb Stunden. Für mich spannend, aber erschlagend (für die Teilnehmer auch). Die Software kann so viel, dass man (wenn zu viel gezeigt wird) vor lauter Bäumen den Wald nicht mehr sieht.

Der Verkäufer machte bei der Vorführung die (leider weit verbreiteten) klassischen Fehler:

- *Keine Aktivierung der Teilnehmer, sondern gleich mit der Vorführung starten.*
- *Keine Fragen an die Teilnehmer (also keine Analyse, auch nicht im Vorgespräch): Was interessiert Sie vor allem, was wollen Sie sehen?*
- *Viel zu viele Möglichkeiten zeigen, anstatt sich auf die Kernfunktionen (in Bezug auf das Programm beziehungsweise im Vergleich zu Konkurrenzprodukten) zu konzentrieren.*
- *Kein Wort in Bezug auf das weitere Vorgehen und die Einführung (kein Abschluss).*

Nach dem Termin redete ich mit dem Verkäufer über das Ganze. Als ich ihn auf das Kaufsignal zu Beginn angesprach, war er erstaunt. Er hätte doch gar nichts anderes machen können. Mit dem Kunden war doch vereinbart gewesen, dass sie zuerst das Programm kennenlernen wollten.

Klar ist es nicht einfach, in dieser Situation direkt zum Abschluss zu gehen. Aber nicht unmöglich und man hätte es doch zumindest versuchen können. Zum Beispiel so:

K: *Ich habe zufällig vor ein paar Tagen Frau Brunner getroffen, eine Bekannte von mir. Sie hat schon länger ein eigenes Unternehmen in dieser Branche und arbeitet seit zwei Jahren mir der Software von Ihrer Firma. Sie hat mir versichert, dass diese Software wirklich die beste auf dem Markt sei und damit die Verwaltung wesentlich vereinfacht wird.*

V: *Das ist aber super, dass Sie Frau Brunner getroffen haben. Ich habe gar nicht gewusst, dass Sie sich kennen.*

K: *Frau Brunner und mich verbindet eine langjährige Bekanntschaft.*

V: *Ja, Frau Brunner ist sehr zufrieden mit unserem Programm – wie auch alle anderen Kunden, die dieses Programm professionell einsetzen. Wann sollte das Programm bei Ihnen installiert und durch die Mitarbeiter eingesetzt werden?*

K: *Wir werden in zwei Monaten die neuen Büroräumlichkeiten beziehen. Dann sollten wir startklar sein.*

V: *Und wie viele Mitarbeiter werden mit diesem Programm arbeiten?*

K: *Zu Beginn sind zwei dafür vorgesehen. Innerhalb von vier bis sechs Monaten wird ein weiterer Mitarbeiter dazukommen, den wir aber zuerst noch finden müssen.*

V: *Und Sie selbst? Werden Sie das Programm auch nutzen?*

K: *Eigentlich nur bedingt. Gut wäre, wenn ich vorhandene Informationen im Programm abfragen und auswerten könnte.*

V: *Das ist kein Problem. Für die beiden Mitarbeiter sollten Sie jeweils eine volle Einzellizenz lösen. Wenn der dritte Mitarbeiter kommt, stocken wir dann auf drei Volllizenzen auf. Für Sie würde eigentlich eine reduzierte Lizenz für Abfragezwecke genügen.*

K: *Ich wäre aber noch froh, wenn Sie uns das Programm jetzt kurz zeigen könnten.*

V: *Kann ich gerne. Wie Ihnen aber Frau Brunner schon bestätigt hat, ist die Software führend. Sie können sicher sein, dass alles, was Sie sich vorstellen, mit der Software möglich ist – und sogar noch viel mehr. Die Erfahrung zeigt, dass es viel einfacher und effizienter ist, wenn Sie Ihre Mitarbeiter in einem ersten Schritt in die zweitägige Basisschulung schicken, damit sie das Programm kennenlernen und nutzen können. Dann werden wir mit Ihren Mitarbeitern gezielt anschauen, wie Sie das Programm am besten bezogen auf Ihre Situation und Bedürfnisse einsetzen und nutzen können. Die nächste Schulung beginnt übrigens in vier Wochen, es sollten gerade noch zwei Plätze frei sein. Soll ich das kurz für Sie abklären?*

K: *Ja gerne. Und was kostet mich der ganze Spaß?*

V: *Sitzen wir doch schnell zusammen. Dann kann ich Ihnen den Investitionsbetrag zusammenstellen und aufzeigen.*

Was meinen Sie zu diesem Beispiel? Wäre ein solcher Dialog denkbar? Sicher, wenn man daran glaubt und es versucht.

Den Verkäufer des Softwareanbieters konnte ich von diesem Ansatz nicht überzeugen. Nach vier Wochen trafen wir uns wieder. Triumphierend sagte er zu mir Folgendes: „Übrigens, Herr Meierhofer, wir waren doch bei diesem Kunden in Zürich. Der dritte Mitarbeiter wurde doch schneller gefunden als gedacht. Diesem Mitarbeiter musste ich das Programm nochmals persönlich vorführen und zeigen, bevor der Kunde gekauft hat!"

Der Verkäufer war so fest davon überzeugt, dass er nur mit einer Vorführung verkaufen kann, dass er auf keine andere Idee gekommen ist beziehungsweise alle Ideen von vorneherein als unmöglich erachtete und nicht einmal einen Versuch wagte. An diesem Beispiel können Sie erkennen, wie wichtig es ist, beim Verkauf gut auf Signale vom Kunden zu achten.

Die Macht der Gedanken

Die Einstellung ist entscheidend. Und das hat mit unserem (bewussten und unbewussten) Denken zu tun. Hier ein weiterer interessanter Merksatz:

Es gilt

Gedanken sind nicht Nichts, es sind in uns wirkende Kräfte. Gedanken haben die Tendenz, in Erfüllung zu gehen!

Deshalb empfehle ich Ihnen: ***Passen Sie auf, was Sie denken!***

Achten Sie auf Ihre Gedanken. Machen Sie sich bewusst, was Sie denken, welche (bewussten oder unbewussten) Glaubens- und Überzeugungssätze Sie blockieren oder hemmen. Seien Sie ständig auf der Suche nach Verbesserungsmöglichkeiten. Seien Sie offen für Ideen von anderen. Probieren Sie zuerst etwas aus, bevor Sie abschließend (geht nicht) darüber urteilen. Und so werden Sie schrittweise immer besser!

Übrigens: Zwei Jahre später hatte ich mit dem Geschäftsführer des Softwareanbieters wieder einen Kontakt. Ich fragte, wie sich die Verkäufer gemacht hätten. Er teilte mir mit, dass sie sich von dem besagten Außendienstmitarbeiter bereits vor einem Jahr getrennt hätten.

Eine weitere Denkblockade habe ich bei einem der anderen Software-Verkäufer angetroffen. Wir hatten ein interessantes Gespräch bei einer Interessentin in St. Moritz (weltberühmter Ort, aber sehr abgelegen). Das Gespräch führte die-

ser Verkäufer wesentlich besser. Er erkannte die Kaufsignale und ging relativ rasch zur Abschlussphase. Jetzt wollte die Kundin natürlich wissen, wie viel das Ganze kostet. Er stellte noch die notwendigen Fragen (Anzahl Lizenzen, Schulungsbedarf, Zusatzmodule etc.) und sagte dann:

V: *So, jetzt habe ich alle nötigen Angaben. Ich werde Ihnen das alles zusammenstellen und Ihnen ein Angebot zustellen?*
K: *Bis wann habe ich das Angebot?*
V: *Sie werden das Angebot morgen per E-Mail erhalten.*

Auf der Rückfahrt fragte ich den Verkäufer, warum er nicht versucht habe, den Auftrag direkt beim Kunden zu holen.

V: *Ich muss doch zuerst alle Kosten zusammenstellen.*
I: *Das sollte eigentlich nicht so kompliziert sein. Es geht doch nur um die Anzahl Lizenzen, Schulungskosten, Zusatzmodule. Das sollte aus der Preisliste ersichtlich sein, könnte also direkt vor dem Kunden auf einem Blatt Papier aufgelistet und zusammengestellt werden. Dieses Vorgehen ist zudem viel gehirngerechter und wirksamer (Pencil Selling)!*
V: *Mir ist es aber lieber, dass ich alles in Ruhe nochmals durchdenken und zusammenstellen kann. Auch die Kunden wollen lieber ein Angebot, das nach etwas aussieht und etwas darstellt, und nicht einfach nur einen Notizzettel. Zudem braucht ein Kunde auch noch etwas Zeit, sich das Ganze in Ruhe zu überlegen. Schließlich geht es um eine Investition von mehreren tausend Franken.*

Der Verkäufer hat dann den Auftrag aufgrund des Angebots bekommen. Ich bin aber überzeugt, dass er diesen Auftrag auch direkt beim Kunden mit einem handschriftlichen Angebot geholt hätte. Die Zeit für das Erstellen und Nachfassen des Angebots wäre weggefallen. So können auch allfällige Risiken vermieden werden, zum Beispiel dass der Kunde doch noch ein anderes Angebot einholt und prüft.

Zwei Jahre später hat sich dieser Verkäufer (freiwillig!) bei meinem Basistraining „Erfolgreich verkaufen" angemeldet, was mich sehr freute. Dieses Programm dauert insgesamt fünfeinhalb Tage, aufgeteilt auf neun Intervalle (ein Starttag, sieben Halbtage, ein Schlusstag) mit dazwischenliegenden Umsetzungs-Phasen im Abstand von ein bis zwei Wochen. Da er in einer Randregion der Schweiz wohnte, hatte er für die Anfahrt und Rückfahrt jeweils eineinhalb Stunden Fahrtzeit im Auto, pro Intervall also drei Stunden. Ich habe ihn am ersten Tag gefragt, was seine Motivation sei, dieses Programm mitzumachen. Er sagte mir Folgendes: „Ich habe in dem firmeninternen Trainings- und Coachingprogramm erkannt, dass ich noch viel Verbesserungspotenzial habe. Leider war dieses Programm für mich zu kurz. Deshalb möchte ich jetzt nochmals schrittweise und intensiv an der Verbesserung meiner Verkaufstechnik arbeiten."

Das hat er auch gemacht. Der vierte Umsetzungsbericht hat mich ganz besonders gefreut: „Lukas hat mir schon vor Jahren während eines Coachings gesagt, dass man ein Angebot auch handschriftlich erstellen und damit gleich im ersten Gespräch den Auftrag holen könnte. Letzten Donnerstag hatte ich ein vergleichbares Erstgespräch mit einem Interessenten. Dieser wollte natürlich wissen, was das Ganze kostet. Und jetzt bin ich über meinen eigenen Schatten gesprungen und habe die Kosten gleich vor ihm herausgesucht und handschriftlich zusammengestellt. Und der Kunde hat mir dann zum Abschluss den Auftrag gegeben. Statt eines Angebots habe ich ihm dann eine Auftragsbestätigung zugestellt. Meine Erkenntnis: Man kann tatsächlich in einem Erstgespräch zum Auftrag kommen!"

Der Verkäufer hat im Rahmen dieses Verkaufstrainings seine Verkaufstechnik umgestellt und verbessert. Und damit deutlich mehr Erfolg erzielt. Übrigens: Zwei Jahre später hat er die Firma verlassen. Aber nicht, weil er musste, sondern weil er bei einer anderen Firma einen interessanten und attraktiven Karriereschritt angeboten bekommen hat. Zufall?

Die oben beschriebene Denkhaltung (man muss zuerst ein schriftliches Angebot erstellen, bevor man abschließen kann) ist bei vielen Verkäufern verbreitet. Wenn es um komplizierte Angebote geht mit vielen Positionen, notwendigen Maßaufnahmen, Sonderartikeln (die zuerst beim Lieferanten angefragt beziehungsweise kalkuliert werden müssen) etc., ist das sicher richtig und nicht vermeidbar. Gewisse Verkäufer haben diese Denkhaltung aber so stark verinnerlicht (und damit zur Gewohnheit gemacht), dass sie das auch in den Fällen machen, wo ein mündliches Angebot direkt beim Kunden oder am Telefon möglich wäre.

Gewohnheiten: Fluch oder Segen?

Wie heißt es so schön: ***Der Mensch ist ein Gewohnheitstier!***

Gewohnheiten möchte ich damit nicht verteufeln – im Gegenteil. Gewohnheiten sind Denk- und Verhaltensweisen, die im Unterbewusstsein gespeichert sind und ganz automatisch ablaufen, ohne dass wir lange darüber nachdenken müssen. Das hat gewaltige Vorteile: Es spart viel Zeit und Energie, gibt Sicherheit und entlastet. Die entscheidende Frage ist jedoch: ***Habe ich die richtigen Gewohnheiten?***

Die Gewohnheit überlegt sich nicht, ob sie richtig oder falsch ist. Der Gewohnheit ist diese Frage völlig egal – sie wird einfach abgerufen und ausgeführt.

In meinen Trainings frage ich die Teilnehmer, was die Messlatte sei, um die Richtigkeit von Gewohnheiten im Verkauf zu überprüfen. Die häufigste Antwort, die ich auf diese Frage bekomme, ist: Die Zufriedenheit des Kunden. Dann stelle ich die nächste Frage: Woran erkennt man, ob die Kunden zufrieden sind? Antwort: Daran dass sie wiederkommen und bestellen!

Diese Aussagen sind sicher nicht ganz falsch, für mich aber zu wenig zu Ende gedacht. Hauptkriterium zur Beurteilung eines Verkäufers ist letztendlich der Erfolg.

Deshalb gilt

Maßstab zur Beurteilung meiner Gewohnheiten sind meine Erfolgsquoten!

Die Kundenzufriedenheit ist ein Teilaspekt, sagt aber noch nichts über die Erfolgsquoten aus. Ich kenne Verkäufer, die ihre Kunden sehr gut unterstützen und betreuen, sich aber förmlich missbrauchen lassen: Im Verhältnis zum Umsatz und Deckungsbeitrag tun sie viel zu viel. Natürlich sind solche Kunden sehr zufrieden. Der Verkäufer verliert aber so viel Zeit, dass er zu wenig aus dem vorhandenen Potenzial in seinem Verkaufsgebiet rausholen kann. Und damit genügen seine Zahlen und sein Erfolg nicht.

Welche Bedeutung Gewohnheiten haben und wie sie geformt werden, ist eine sehr alte Erkenntnis. Aus dem Talmud, einem der bedeutendsten Schriftwerke des Judentums, stammt folgendes Zitat:

„Achte auf deine Gedanken, denn sie werden Worte.
Achte auf deine Worte, denn sie werden Handlungen.
Achte auf deine Handlungen, denn sie werden Gewohnheiten.
Achte auf deine Gewohnheiten, denn sie werden dein Charakter.
Achte auf deinen Charakter, denn er wird dein Schicksal."

Deshalb noch einmal: ***Passen Sie auf, was Sie denken!***

Achten Sie auf Ihre Gedanken. Machen Sie sich bewusst, was Sie denken, welche (bewussten oder unbewussten) Glaubens- oder Überzeugungssätze Sie blockieren oder hemmen. Seien Sie ständig auf der Suche nach Verbesserungsmöglichkeiten. Seien Sie offen für Ideen von anderen.

Probieren Sie zuerst etwas aus, bevor Sie darüber urteilen. Und so werden Sie schrittweise immer besser!

Vorabschlussfragen

Oben haben wir folgenden Grundsatz festgehalten: ***Kaufsignale des Kunden müssen erkannt und sofort genutzt werden!***

Also sollten wir bei Kaufsignalen sofort zur Abschlussphase gehen. Aber was machen wir, wenn der Kunde in der Angebotsphase wenig Reaktionen und keine Kaufsignale zeigt?

Der klassische Fehler von Verkäufern ist, dass sie in diesem Falle einfach weiterreden. Unbewusst haben sie wohl die Meinung beziehungsweise das Gefühl, dass der Kunde noch nicht überzeugt, also skeptisch ist. Deshalb versuchen sie es einfach mit dem nächsten Verkaufsargument.

Diese Strategie ist aber nicht logisch. Wenn die Analyse umfassend und sorgfältig erfolgt ist, sollte der Verkäufer auch wissen, was er jetzt wie präsentieren und vorschlagen kann. Dann müsste der Kunde doch Kaufsignale senden oder zumindest irgendeine Reaktion zeigen. Wenn nicht, ist der Kunde entweder sehr zurückhaltend und introvertiert oder der Verkäufer hat das Falsche empfohlen, sich also getäuscht. Wie findet er das heraus? Wie immer: durch fragen!

Eine Möglichkeit ist, dass Sie beim Präsentieren der Stärken-Nutzenkette abschließend die Ja-Frage stellen (siehe 2.4 *Phase des Angebots*): „Und dieser Punkt ist entscheidend – oder nicht?". Dies ist eine typische Vorabschlussfrage. Jetzt muss der Kunde reagieren. Entweder stimmt er zu – dann gehen Sie direkt zur Abschlussphase. Oder er kommt mit Fragen und Einwänden – und auf die können Sie jetzt eingehen.

Ich habe festgestellt, dass nicht alle Verkäufer sich mit dem Ja-Abholen als Abschluss der Stärken-Nutzenkette anfreunden können. Eine andere Möglichkeit wäre, dass Sie nach Ihrer Empfehlung (Stärken-Nutzenkette) dann einfach schweigen und warten. Meist wird der Kunde reagieren und etwas sagen. Oder Sie stellen dem Kunden eine andere Vorabschlussfrage.

Zum Beispiel eine offene Frage wie:
- Was sagen Sie dazu?
- Was meinen Sie?
- Wie klingt das für Sie?
- Wie gefällt Ihnen das?

Oder eine geschlossene Fragen (mit Zusatzfragen je nach Antwort) wie:
- Entspricht das Ihren Vorstellungen?
- Können Sie sich das so vorstellen?
- Ist das in Ihrem Sinne?
- Passt das?

Jetzt wird der Kunde reagieren. Bei positiven Reaktionen (siehe Kaufsignale) gehen Sie dann wieder direkt zur Abschlussphase. Sollte der Kunde Fragen oder Einwände haben, wissen Sie, was den Kunden hindert, Kaufsignale zu senden. Und auf diese Punkte gehen Sie ein.

Gewisse Verkäufer sind nach meinen Erfahrungen zu wenig selbstbewusst und mutig. Dann besteht die Gefahr, dass zu lange gezögert wird, bis eine Vorabschlussfrage gestellt beziehungsweise die Abschlussphase angegangen wird. Aber wieso denn so zögerlich? Denken Sie immer daran: ***Keine Angst vor dem N.E.I.N.!***

Haben Sie gewusst, dass NEIN eigentlich ein Akronym ist? Ein Akronym ist ein Kurzwort, bei dem jeder Buchstabe für ein eigenes Wort steht. In diesem Falle (Limbeck 2011b: 171 ff.) für: ***NEIN = Noch ein Impuls nötig!***

Wenn der Kunde NEIN sagt, ist das gar nicht so schlimm. Es bedeutet einfach, dass das, was Sie bisher gesagt beziehungsweise besprochen haben, nicht genügt, dass also noch ein weiterer Impuls nötig ist, damit Sie zum Abschluss kommen. Jetzt müssen Sie die noch vorhandenen Bedenken und Einwände erfragen, damit Sie darauf eingehen können. Formal gehen Sie einfach wieder einen Schritt zurück in die Phase der Argumentation.

2.7 Vor- und Nachbereitung

Das Fünf-Phasen-Schema der Gesprächsführung bezieht sich auf die Gesprächsphasen beim Kunden. Daneben gibt es natürlich noch die Gesprächsvor- und -nachbereitung.

Gesprächsvorbereitung

Bei der Gesprächsvorbereitung müssen Sie wichtige Informationen zusammentragen. Zum Beispiel aus dem Internet: Tätigkeitsbereiche, Anzahl der Mitarbeiter, Objekte, Referenzen etc. Oder aus internen Quellen: Umsatzzahlen und Umsatzentwicklung über die Jahre, Produktstruktur, aktuelle Anfragen und Angebote, Angebotsstatistik (wie viele Anfragen bekommen Sie, wie viele der Angebote werden zu Aufträgen, Absagegründe etc.), Reklamationen, Zahlungsverhalten etc.

Wichtig ist, dass Sie bei der Gesprächsvorbereitung nicht zu viele Informationen zusammentragen und analysieren wollen. Deshalb gilt: So viel wie nötig, so wenig wie möglich. Und: ***Lieber den Kunden fragen, als zu viel Zeit am Schreibtisch verlieren!***

Aufgepasst: Mit den gesammelten Informationen sollen Sie sich ein Bild über den Kunden machen und eine Basis für die Gesprächsführung vor Ort legen. Auf keinen Fall dürfen Sie jetzt das Gefühl haben, dass Sie schon genug wissen und gar nicht mehr richtig fragen und analysieren müssen. Die eingeholten Informationen sollen Ihnen helfen, gezielter zu fragen und zu analysieren.

Das Allerwichtigste bei der Gesprächsvorbereitung ist für mich, dass Sie sich klare Ziele setzen. Was ist eigentlich das Ziel des Gesprächs? Was möchten Sie ansprechen und erreichen? Hier empfiehlt es sich, mit Minimal- und Maximalzielen zu arbeiten.

In meinen Trainings frage ich, was die üblichen Minimal- und Maximalziele in einem Erstgespräch seien. Typische Antworten sind:

Minimalziele
- ein gutes Gespräch
- einen guten Eindruck hinterlassen

Maximalziele:
- ein Folgetermin
- ein Angebot rechnen können

Finden Sie das gut? Aus meiner Sicht ist das zu wenig. Hier würde ich die Ansprüche klar eine Stufe höher ansetzen:

Minimalziele
- mögliche Verkaufspotenziale erkennen und definieren
- ein Angebot rechnen können bezogen auf ein konkretes Objekt, einen konkreten Bedarf
- den nächsten verbindlichen Schritt vereinbaren

Maximalziele:
- eine Bestellung
- Zusatzverkäufe

Gesprächsnachbereitung

Nach dem Gespräch gilt es, die vereinbarten Aktivitäten termingerecht zu erledigen. Wenn der Kunde noch Informationen oder Unterlagen braucht, sollten diese möglichst schnell (beziehungsweise bis zum vereinbarten Termin) zugestellt werden. Dies gilt auch für Angebote. Aber Achtung vor falschen Gewohnheiten: Ich kenne Verkäufer, die versprechen einem Kunden (ohne Grund beziehungsweise ohne Absprache), dass er das Angebot sofort (zum Beispiel bis zum nächsten Tag) bekommen wird. Dann gehen sie zurück ins Büro und verkünden dem Innendienst die frohe Nachricht, dass für diesen Kunden dringend ein Angebot erstellt werden muss.

Der Innendienst arbeitet in der Regel aber für mehrere Außendienstmitarbeiter und hat oft mehr zu tun, als dem einzelnen Verkäufer bewusst ist. Dann sind Stress und Spannungen programmiert. Der Innendienst setzt natürlich Prioritäten. Im „besten" Fall kann der Außendienst den Innendienst „motivieren" und die Offerte wird umgehend erstellt. Es kann aber auch passieren, dass das Angebot liegenbleibt und später als vereinbart zugestellt wird. Wenn wir Glück haben, ist das Angebot gar nicht so dringend gewesen, wie der Außendienst gemeint hat. Wenn wir Pech haben, kommt das Angebot zu spät und die ganze Sache ist schon gelaufen. In beiden Fällen hat der Kunde aber vom Verkäufer und der Firma einen schlechten Eindruck bekommen.

Wie löst man dieses Dilemma? Ganz einfach:

Ich frage den Kunden immer
Bis wann brauchen Sie das Angebot?

Wenn der Kunde einen sehr kurzfristigen Termin nennt, können Sie ihn darauf hinweisen, dass das schwierig wird, und herausfinden, wieso er es so eilig hat. Wenn es wirklich brennt und sich lohnt, werden Sie den Innendienst überzeugen können, dass das Angebot sofort erstellt werden muss. Vereinbaren Sie gleichzeitig mit dem Kunden einen Gesprächstermin, an dem Sie das Angebot mitbringen und besprechen können.

Denn
Ich will nicht nur anbieten, sondern auch liefern!

In vielen Fällen ist ein Angebot nicht so eilig, wie es klingt. Dann müssen Sie im Innendienst auch keinen unnötigen Druck und Stress erzeugen. Bei der Terminabsprache mit dem Kunden gehen Sie möglichst auf die sichere Seite und bauen noch genügend Pufferzeit ein. Dann wird er das Angebot in der Regel früher bekommen als versprochen. Und schon haben Sie und Ihre Firma positiv gepunktet!

Zur Gesprächsnachbereitung gehört auch, dass man wichtige Informationen aus dem Kundengespräch in geeigneter Form archiviert und die Nachfasstermine plant. Hier sind Gesprächsnotizen sehr wertvoll und wichtig. Diese können in Papierform oder (gescannt) elektronisch abgelegt werden. Wenn ein CRM-Programm vorhanden ist, kann man diese Notizen gleich dem Kunden zuordnen, was das zukünftige Auffinden massiv vereinfacht.

Ein CRM-System ist aus meiner Sicht für einen Verkäufer heute ein zentrales Arbeitsinstrument. Damit können Sie alle Informationen und Termine an einem Ort speichern und über den Kunden und die Kontaktpersonen schnell und einfach wiederfinden. Und Sie haben diese Informationen mit Notebook, Tablet PC oder Smartphone auch unterwegs dabei. Persönlich arbeite ich schon seit Jahren mit einem CRM-Programm. Da meine Handschrift nicht sehr schön ist und ich immer sehr viele Gesprächsnotizen habe, gebe ich in der Regel am Computer einfach nur die wichtigsten Informationen aus dem Gespräch als Notiz ein und verzichte auf das Einscannen.

Erstaunlicherweise setzen auch heute noch viele Firmen kein CRM-Programm im Verkauf ein. Oder das vorhandene Programm ist zu kompliziert, zu langsam, kann nicht mobil eingesetzt werden beziehungsweise ist nicht synchronisierbar mit einem Smartphone und/oder hat gar keine Schnittstelle zu Outlook, sodass Termine doppelt erfasst werden müssten. Dann ist es für Verkäufer wenig attraktiv und das Programm wird gar nicht (beziehungsweise nicht richtig) genutzt.

Was macht man ohne (funktionierendes) CRM-Programm? Für den einzelnen Verkäufer wäre aus meiner Sicht Outlook (beziehungsweise ein vergleichbares Programm) schon eine recht gute Lösung, um Kundenadressen, die wichtigsten Informationen und Termine (Besuchs- und Nachfasstermine!) festhalten zu können. Wenn auch das nicht möglich wäre: Die gute alte Lösung mit Karteikarten pro Kunde, die man ständig im Auto dabeihatte, war eigentlich gar nicht so schlecht. Aber: Gibt es die überhaupt noch? Wahrscheinlich schon, aber wer will denn heute noch so arbeiten?

Sie haben es vielleicht schon gemerkt. Ich lege großen Wert auf Nachfasstermine. Das wird aus meiner Sicht im Verkauf oft sträflich vernachlässigt. Man rennt und macht den ganzen Tag sehr viel, die Gespräche werden aber nicht festgehalten und ausgewertet (keine Zeit!), Nachfasstermine werden nicht geplant und werden vergessen. Und damit versandet Vieles, was eigentlich gar nicht so schlecht begonnen hatte. Aber: Wie ist das mit der Interessens- beziehungsweise (Vergessens-)Kurve des Kunden (siehe Seite 79). Übrigens: Die gleiche Kurve wirkt auch bei uns als Verkäufer!

Einen anderen Aspekt der Gesprächsnachbereitung betont Bettger (2011: 196): ***Die beste Gelegenheit, ein Verkaufsgespräch vorzubereiten, ergibt sich, wenn man eben eines beendet hat!***

Was ist damit gemeint? Unmittelbar nach dem Termin ist das Gespräch noch präsent. Jetzt können Sie darüber nachdenken, wie das Gespräch gelaufen ist. Was war gut? Was war nicht so gut? Was hätten Sie anders machen können oder müssen? Was hätten Sie noch sagen sollen und was besser nicht? Halten Sie Ihre Erkenntnisse gleich schriftlich fest oder machen Sie eine entsprechende Sprachnotiz (in jedem Smartphone vorhanden), damit Sie später damit weiterarbeiten können. Die Schriftlichkeit garantiert den größten Lerneffekt (was man schreibt, das bleibt!) und Sie können später auf Ihre Notizen zurückgreifen. Legen Sie diese an einem zentralen Ort ab, zum Beispiel in einem Ordner mit dem Titel „Verkaufstechnik".

2.8 Die Champions League der Gesprächsführung

Nachdem wir die wichtigsten Grundsätze einer erfolgreichen Gesprächsführung im Verkauf kennengelernt haben, können wir uns darauf aufbauend mit dem entscheidenden Schritt auf dem Weg zum Top-Verkäufer befassen: Mit der Champions League der Gesprächsführung!

Wie kommt man in die Top-Liga des Verkaufs? Indem man nicht mehr verkauft! Was soll das, werden Sie sich fragen. Ganz einfach: Wir führen das Verkaufsgespräch so, dass der Kunde kauft.

In der Champions League des Verkaufs gilt
Ich verkaufe nicht, sondern der Kunde kauft!

Und wie macht man das? Indem wir geschickte Fragen stellen, welche die entsprechenden Gedanken und Emotionen beim Kunden auslösen, damit er am Schluss kaufen will. Denn in Anlehnung an Alexander Chrisitani gilt:

Merke
Der Kunde kann sich gegen alles wehren, was ich zu ihm sage, nur nicht gegen das, was er zu sich selbst sagt!

Dazu ein Beispiel. In einem Verkaufstraining, welches ich für eine Firma durchführte, suchte ein Verkäufer, welcher schon seit sieben Jahren bei dieser Firma tätig ist, während der Kaffeepause meinen Rat:

Er: *Ich habe momentan ein großes Problem. Der Euro ist ja in diesem Jahr massiv billiger geworden. Mitbewerber von mir geben den Kunden jetzt einen Euro-Bonus von 8 Prozent. Ein guter Kunde von mir (Jahresumsatz rund 450.000 CHF!), den ich über die Jahre aufgebaut habe und der heute praktisch alle Produkte bei mir kauft, verlangt jetzt von mir eine entsprechende Geste. Er weiß natürlich, dass auch wir im Euroraum produzieren und einkaufen. Der Mitbewerber sei bei ihm gewesen und habe ihn auf den Euro-Bonus aufmerksam gemacht. Zudem hat dieser Lieferant sogar noch die tieferen Basispreise!*

Ich: *Was willst du jetzt machen?*

Er: *Ich habe ihm versprochen, dass ich abkläre, was wir machen können. Der Konzern fakturiert jedoch die Lieferung in die Schweiz in Schweizerfranken (CHF) und ist nicht bereit, die Preise kurzfristig dem Kurs anzupassen. Das sei unser Problem in der Schweiz.*

Ich: *Und jetzt?*

Er: *8 Prozent würde uns sehr wehtun. Ich werde ihm erklären, dass wir leider in CHF einkaufen müssen und ein Euro-Bonus deshalb voll zu Lasten von uns gehen würde, und ihm vorschlagen, dass wir uns bei 4 Prozent treffen.*

Was halten Sie von diesem Ansatz? Eigentlich nicht schlecht – so könnte er doch wenigstens 4 Prozent Rabatt retten. Ich habe ihm jedoch ein anderes Vorgehen vorgeschlagen: Mach mit ihm einen Termin ab. Versuch zuerst, mit ihm über etwas anderes zu reden und ihn reden zu lassen. Du fängst nicht mit dem eigentlichen Thema an, wartest einfach ab. Wenn er dann fragt, was du jetzt im Bezug auf den Euro-Bonus machen kannst, sagst du einfach: Ach ja, die Preise … Aber abgesehen vom Preis – was ist dir eigentlich sonst noch wichtig bei einem Lieferanten wie uns?

Wichtig ist, dass du nach dieser Frage schweigst. Er wird dir dann Antworten geben und seine Anforderungen aufzählen. Wenn er nur Schlagworte bringt (Beratung, Service, Produktqualität, Unterstützung etc.), musst du immer wieder hinterfragen (= Verständnisfragen stellen): Was genau verstehst du unter …? Wenn er seine Anforderungen erläutert hat, fragst du ihn: Und wie beurteilst du uns in Bezug auf diese Anforderungen? Jetzt wieder warten – er muss reden, nicht du. Und eine nächste Frage wäre: In welcher Beziehung könnten wir noch besser sein?

Nachdem er über meinen Vorschlag nachgedacht hatte, meinte der Verkäufer:

Er: *Das Vorgehen leuchtet mir ein. Aber was mache ich in Bezug auf den Preis?*

Ich: *Stell ihm einfach diese Fragen und lass ihn reden. Du wirst dann schon sehen, ob und was du noch machen musst beziehungsweise wo ihr euch finden werdet.*

Drei Wochen später hatten wir den zweiten Trainingstag. Der Verkäufer kam früher und strahlte.

Ich: *Und – wie ist es gelaufen?*

Er: *Genau so wie du es gesagt hast – sogar noch viel besser. Ich habe mit dem Kunden ein Mittagessen vereinbart. Am Anfang haben wir über Gott und die Welt gesprochen. Beim Kaffee hat er mich wie erwartet gefragt, was ich jetzt im Bezug auf den Euro-Bonus machen würde. Dann habe ich ihm diese Frage (Abgesehen vom Preis – was ist dir eigentlich sonst noch wichtig bei einem Lieferanten wie uns?) gestellt. Ich musste überhaupt nichts mehr sagen und fragen. Er hat unsere Firma (super Produktqualität) und mich (sehr gute Unterstützung, wichtige und wertvolle Tipps, Betreuung und Schulung der Mitarbeiter) in den höchsten Tönen gelobt.*

Ich: *Und die Frage, was noch besser sein könnte?*

Er: *Konnte ich gar nicht stellen, weil er gesagt hat, besser geht gar nicht.*

Ich: *Und in Bezug auf die Preise?*

Er: *Nach diesem Lobgesang konnte er natürlich gar nicht mehr nach Rabatten fragen. Er hat sich zum Schluss bei mir nochmals bedankt für die tolle Zusammenarbeit!*

Es hat funktioniert. Nicht der Verkäufer hat den Kunden überzeugt, sondern der Kunde hat sich selbst überzeugt! Resultat: Der Verkäufer musste gar keinen Zusatzrabatt (in Form eines für die importierende Firma gar nicht vorhandenen Euro-Bonus) geben, sparte also 4 Prozent auf 450.000 CHF Umsatz, also 18.000 CHF pro Jahr!

Wenn Sie erreichen möchten, dass der Kunde von sich aus kauft (und nicht Sie ihm etwas verkaufen), müssen Sie das, was Sie bisher über die Gesprächsführung gelernt haben, voll beherrschen. Der entscheidende Unterschied ist, dass Sie noch stärker mit Fragen (statt mit Sagen) arbeiten. Dazu zwei weitere Grundsätze:

Merke

Wer fragt, der führt! Fragen ist wichtiger als sagen!

Dies sind bekannte Grundsätze. Die Erfahrung zeigt jedoch, dass diese im Verkauf zu wenig gelebt und umgesetzt werden. Wenn Sie in die Top-Liga des Verkaufs wollen, müssen Sie diese Grundhaltung verinnerlichen und Ihre Fragetechnik ständig weiterentwickeln und perfektionieren.

Wichtig ist, dass Sie sich ein Repertoire wirkungsvoller Fragen zulegen, welche helfen, die Situation des Kunden, seine Wünsche und Werte zu verstehen beziehungsweise seine Emotionen und Gedanken in die richtige Richtung zu lenken:

Schlüsselfragen von Top-Verkäufern
Ziel- und Wertefragen: • Welches sind die wichtigsten Anforderungen, die Sie an ... stellen? • Abgesehen vom Preis – was ist Ihnen sonst noch wichtig an ...? • Was ist Ihnen besonders wichtig? • Was noch? • Worauf legen Sie bei ... Wert? • Gibt es sonst noch was, worauf Sie Wert legen? • Was müsste sein, damit es perfekt ist? • Was möchten Sie erreichen? • Was ist Ihr Ziel? • Wobei kann ich Ihnen helfen? • Was ist besonders zu berücksichtigen? • Was muss ich sonst noch wissen? **Fragen nach den Anti-Werten** des Kunden: • Was darf auf keinen Fall sein? • Gibt es etwas, was Sie bei ... auf keinen Fall haben möchten? • Was ärgert Sie an der heutigen Situation am meisten? • Was möchten Sie mit der neuen Lösung nicht mehr?

Menschen haben nicht nur Werte (was ihnen wichtig ist, wie sie es haben wollen), sondern auch Anti-Werte (was sie nicht wollen, was sie ablehnen, was zu vermeiden ist). Gewisse Menschen (und damit auch Kunden) haben klarere Vorstellungen von dem, was sie nicht mehr wollen (= Weg-von-Motivation), als von dem, wie es sein sollte (= Hin-zu-Motivation). Deshalb ist das Heraushören beziehungsweise das Fragen nach den Anti-Werten in der Top-Liga des Verkaufs wichtig.

Wenn Sie die Werte und Anti-Werte des Kunden ergründen wollen, müssen Sie den Kunden reden lassen, also den Gesprächsfluss des Kunden möglichst nicht unterbrechen. Verboten ist in dieser Phase, vom Fragen beziehungsweise Zuhören (gemäß Limbeck 2011a: 142 besser formuliert als Hinhören oder Hineinhören) ins Sagen zu wechseln und Eigenes einzubringen. Genau das fällt aber vielen im Verkauf sehr schwer. Wenn der Kunde sagt, was ihm wichtig ist, möchten viele Verkäufer diese Aussage sofort kommentieren (Ja, genau, das finde ich auch sehr wichtig, weil ...) oder verstärken (Sie haben recht, das ist sehr wichtig. Ich habe schon Vieles erlebt, was genau diesen Punkt bestätigt, zum Beispiel ...). Oder Verkäufer fangen an zu spekulieren beziehungsweise wollen zeigen, dass sie kompetent sind und die Situation des Kunden verstehen (Klar, verstehe ich. Sie wollen natürlich nicht, dass ...). Es gibt auch Verkäufer, die Zeit sparen wollen. Kaum hat der Kunde ein bisschen darüber gesprochen, was er möchte und was er brauchen könnte, gehen sie sofort in die Angebotsphase und fangen an zu präsentieren. Alles Verhaltensweisen (und Gewohnheiten!), welche verhindern, dass sich der Kunde richtig öffnet und wir seine Werte und Anti-Werte vertieft erfahren und verstehen können. Deshalb: ***Erst fragen – dann sagen!***

Wenn man zu wenig fragt und zu schnell in die Angebotsphase geht, wird der Kunde viele kritische Fragen und Einwände haben. Weil diese Art des Verkaufens immer noch vorherrscht, steht bei vielen Verkaufsschulungen die Einwandbehandlung im Vordergrund. Dabei gilt doch:

Merke

Viel besser als Einwände zu behandeln ist Einwände zu verhindern!

Es ist entscheidend, dass Sie genügend Zeit für die Analyse verwenden und die Werte beziehungsweise Anti-Werte des Kunden erkennen und verstehen. Dann steigt die Wahrscheinlichkeit, dass Sie dem Kunden genau das anbieten können, was er braucht und kaufen will.

Wie können Sie die Analyse im Fluss halten und den Kunden zum Weiterreden motivieren? Sehr einfach und wirkungsvoll ist es, die vom Kunden genannten Werte einfach zu wiederholen. Wichtig ist, dass Sie nicht alles wiederholen, was er gesagt hat, sondern nur die Werte (= Entscheidungskriterien) beziehungsweise Anti-Werte (K.-o.- beziehungsweise Killerkriterien). Bei der Wiederholung ist die Stimmführung entscheidend. Ihre Stimme muss nachdenklich, sinnierend, fragend (beziehungsweise hinterfragend), auf Zusatzinformationen wartend, etwas schwebend sein. Dies wirkt als elegante Aufforderung an den Kunden, weiterzusprechen. So bringen Sie Kunden zum Weiterreden:

- Mmh, nicht alltäglich ... ein richtiger Blickfang ...
- Ah ... einfacher ...
- ... Beratung vor Ort ...
- Mmh, Sie möchten also nicht mehr ...

Mit Verständnisfragen können Sie den Kunden zudem auffordern, seine Aussagen zu präzisieren. Der Kunde redet weiter und Sie hören interessiert und aufmerksam zu, damit Sie seine Werte und Anti-Werte möglichst genau verstehen. Neben den Verständnisfragen, die wir bereits kennengelernt haben, gibt es noch weitere.

Hier die vollständigere Liste von möglichen Verständnisfragen:

- Wie meinen Sie das?
- Was heißt das genau?
- Was genau sprechen Sie damit an?
- Wie soll ich das verstehen?
- Welche Vorstellung haben Sie von ...?
- Woran erkennen Sie, dass es perfekt ist?
- Meinen Sie eher x oder eher y?
- Woran machen Sie das fest?
- Was bedeutet das genau für Sie?
- Was genau stört Sie?
- Können Sie mir ein Beispiel schildern?
- Kennen Sie einen konkreten Fall?

In der Analysephase wollen Sie die zentralen Werte und Anti-Werte des Kunden erkennen und verstehen. Woran merken Sie, dass Sie diese herausgefunden haben? Ganz einfach: Durch das Beobachten und Wahrnehmen der Körpersprache des Kunden.

Werte lösen beim Kunden positive Emotionen aus (gefällt mir, mehr von dem), Anti-Werte hingegen negative Emotionen (so nicht, zu vermeiden). Sitz der Emotionen ist das sogenannte limbische System im Gehirn. Dieses arbeitet auf einer unbewussten Ebene und löst ganz automatisch entsprechende Reaktionen aus, welche sich auch in der Körpersprache ausdrücken. Bei wichtigen und starken Werten sieht die Körpersprache des Kunden etwa so aus:

- Er öffnet sich.
- Er strahlt.
- Seine Augen leuchten.
- Er beugt sich vor.
- Er nickt.
- Seine Pupillen weiten sich.

Bei wichtigen Anti-Werten ist die Körpersprache ganz anders:

- Der Gesichtsausdruck verdüstert sich.
- Er wird zynisch.
- Er lehnt sich zurück.
- Er verschränkt die Arme.

Fragen, Zuhören und Beobachten der Körpersprache sind also die Zaubermittel im Verkauf – und nicht das wilde Argumentieren und wahllose Demonstrieren (Hermann-Ruess 2007: 27).

Was machen wir, wenn das Produkt Eigenschaften und Merkmale hat, die erfahrungsgemäß für den Kunden wichtig sein sollten, die der Kunde aber in der Analysephase nicht genannt hat? Entweder weil ihm dazu das Fachwissen beziehungsweise die entsprechende Erfahrung fehlt oder weil der

Kunde sehr zurückhaltend oder schweigsam ist? Der durchschnittliche Verkäufer würde natürlich in der Angebotsphase diese Vorteile voller Stolz und Freude hervorheben. Er geht also ins Sagen. Was macht der Spitzenverkäufer der Top-Liga? Er bleibt in der Analysephase und fragt!

Mögliche Fragen sind zum Beispiel:

- Wie wichtig wäre für Sie noch zusätzlich ...?
- Was sagen Sie dazu, wenn ... auch noch ... könnte?
- Wie wichtig ist für Sie eine einfache und intuitive Bedienbarkeit?
- Legen Sie Wert auf ...?
- Wie wichtig ist für Sie, neben Top-Produkten auch eine kompetente Fachberatung zu erhalten, welche Ihnen bei der Anwendung hilft, Zeit und Kosten zu sparen und Zusatzumsätze zu erzielen?

Wenn Sie lernen, wichtige Verkaufsargumente zu erfragen, statt selbst auszusprechen, werden Sie im Verkaufsgespräch mit viel weniger Widerstand konfrontiert. Mit diesen Fragen wollen Sie herausfinden, ob ein bestimmter (bei anderen Kunden wichtiger) Wert auch bei diesem Kunden zutrifft. Damit lenken Sie die Gedanken und Emotionen des Kunden geschickt auf wichtige Aspekte, die er sich vielleicht noch nicht überlegt hat oder gar nicht kennt. Wenn er diesen Wert bestätigt, können Sie (wenn nötig und sinnvoll) weitere Verständnisfragen stellen. Und wenn der Kunde ein aufgrund der Erfahrung wichtiges Verkaufsargument negiert, fragen Sie eben auch: Aus welchem Grund ist dieser Punkt für Sie nicht wichtig?

Wenn Sie die Analysephase in diesem Sinne abgeschlossen haben und wissen, was der Kunde braucht und was er will (Werte) und was nicht (Anti-Werte), können Sie ihm das Passende vorschlagen. In einer Art und Weise, die ihn persönlich auch anspricht. Einwände werden so immer weniger. Sollten trotz sorgfältiger Analyse noch Einwände auftreten, bedeutet dies nur, dass noch Unklarheiten oder Fragen vorhanden beziehungsweise gewisse Werte oder Anti-Werte nicht erkannt worden sind, also noch weitere Wünsche bestehen. Stellen Sie Verständnisfragen, und Sie werden es herausfinden. Wenn Sie entsprechend darauf eingehen können, wird der Kunde kaufen!

Fragen ist wichtiger als sagen! Diesen Grundsatz können Sie sogar in der Abschlussphase einsetzen. Dazu ein Beispiel: Nehmen wir an, Sie haben einem Bauunternehmer ein Schalungssystem vorgeschlagen, welches zwar gegenüber dem von ihm heute eingesetzten deutlich teurer ist, aber sich schon alleine dank der wesentlich längeren Lebensdauer rechnet. Zudem muss er weniger Elemente einsetzen, welche erst noch einfacher und schneller montiert sind. Der Kunde spart viel Zeit und seine Arbeitsproduktivität steigt.

Wenn man das so hört, müsste die Entscheidung dem Kunden doch leichtfallen. Aber so einfach ist es nicht. Der Kunde hat meist noch viele Einheiten vom bisherigen System an Lager. Dieses hat sich bisher bewährt. Seine Mitarbeiter sind dieses System bestens gewöhnt, eine Umstellung hat ihre Tücken. Das vorgestellte System kennt der Kunde noch nicht. Stimmt das wirklich, was der Verkäufer gesagt hat? Oder ist das Ganze von ihm einfach zu rosig dargestellt beziehungsweise schöngeredet? Und jetzt soviel Geld investieren, wenn die Rentabilität gar nicht so klar ist? Deshalb kann es passieren, dass der Kunde in der Abschlussphase wie folgt reagiert:

V: *Das System hat doch für Sie klare Vorteile – oder nicht?*
K: *Klar – das System ist interessant. Wir werden Ihren Vorschlag natürlich genau prüfen.*

Der Kunde macht sich viele Gedanken und ist wahrscheinlich innerlich (mehr oder weniger bewusst) hin und her gerissen. Was er genau überlegt und abwägt, wissen Sie nicht wirklich. Wenn Sie jetzt einfach das Gespräch beenden (wann soll ich mich wieder bei Ihnen melden?), werden Sie vermutlich verlieren und den wahren Grund nicht herausfinden. Die Wahrscheinlichkeit ist zudem groß, dass der Kunde gar nicht die Zeit hat (oder sich nimmt), um die Entscheidung sorgfältig und fundiert zu fällen.

Wenn die nächste Baustelle organisiert werden muss, wird er weiterhin das Material einsetzen, das er bereits hat und kennt.

Was könnten Sie in der Abschlussphase des Gesprächs tun, um einen Schritt weiterzukommen? Ganz einfach: Stellen Sie dem Kunden Fragen, mit welchen Sie

- herausfinden, was der Kunde sich genau überlegt, beziehungsweise
- den Kunden dazu bringen, die für eine Entscheidung nötigen Überlegungen zu machen.

In dieser Beziehung gibt es mehrere mögliche Fragen, zum Beispiel:

V: Was genau werden Sie noch prüfen? oder *Was lässt Sie noch zögern?*

Ein höchst spannender und Erfolg versprechender Ansatz ergibt sich mit der folgenden Frage:

V: Was spricht für den Vorschlag, was dagegen?

Interessant ist jetzt, mit welcher Seite der Kunde bei seiner Antwort anfängt (dafür oder dagegen?). Wichtig ist, dass Sie sich nicht jeweils mit einem Grund dafür beziehungsweise dagegen begnügen. Ermuntern Sie deshalb den Kunden immer, noch weitere Gründe zu nennen (Was noch? Und was noch?). Wenn nötig und sinnvoll müssen Sie die genannten Gründe mit Verständnisfragen hinterfragen.

Wenn Sie die Überlegungen des Kunden erfahren und verstanden haben, können Sie sein Abwägen unterstützen, indem Sie die Nachteile relativieren oder kleiner machen beziehungsweise die Vorteile verstärken. Zum Beispiel durch entsprechende Beispiele und Geschichten von Kunden, die diesen Schritt bereits gemacht und Ihnen positive Rückmeldungen gegeben haben:

V: *Ein Kunde hat mir bereits nach drei Wochen mit diesem für ihn neuen System bestätigt, dass er klare Vereinfachungen und deutliche Zeitgewinne erzielen kann. Und bereut, dass er nicht bereits früher mit diesem System gearbeitet hat!*

Wenn der Kunde jetzt immer noch zögert, können Sie ihm einen weiteren Impuls und Anreiz geben:

V: *Das Beste ist, Sie testen das System und machen sich ein persönliches Bild. Damit Sie kein Risiko eingehen müssen, können Sie das System auf dieser Baustelle auch in Miete einsetzen und nutzen. Wenn Sie und Ihre Mitarbeiter sich von den Vorteilen überzeugt haben, können Sie das System übernehmen und kaufen. Bei einer Kaufentscheidung im ersten Monat wird Ihnen die Miete auch voll auf den Kaufpreis angerechnet. Sie haben also überhaupt keine Zusatzkosten. Und auf diese Weise können Sie eine fundierte und begründete Entscheidung fällen – oder nicht?*

Die Gesprächsführung von Top-Verkäufern

Im Abschnitt 2.6 *Phase des Abschlusses* haben wir uns überlegt, wie sich die Zeitanteile der einzelnen Gesprächsphasen (bezogen auf die gesamte Gesprächsdauer) verschieben, wenn die besprochenen Verkaufsgrundsätze konsequent umgesetzt werden. Bei einem Spitzenverkäufer der Top-Liga ist diese Verschiebung noch etwas ausgeprägter.

Gesprächsphasen	Schlecht	Gut	Top
Aufmerksamkeit	0 – 20 %	0 – 20 %	0 – 20 %
Analyse	0 – 10 %	30 – 40 %	40 – 50 %
Angebot	50 – 60 %	10 – 20 %	10 – 20 %
Argumentation	10 – 30 %	0 – 20 %	0 – 10 %
Abschluss	0 – 5 %	10 – 20 %	10 – 20 %
Gesamtzeit	100 %	100 %	100 %

Abbildung 6: Verteilung der Gesprächsphasen (Zeitanteil) bei Top-Verkäufern

Verkäufer haben mir schon gesagt, dass man in einem Verkaufsgespräch gar nicht so viel Zeit für die Analyse verwenden kann.

Ich: *Wieso denn nicht?*

Er: *Ein gutes Beratungs- und Verkaufsgespräch dauert doch etwa 60 Minuten. Bei 50 Prozent Gesprächsanteil der Analyse wären das dann 30 Minuten. So viel fragen kann man doch gar nicht!*

Kann man unter Umständen sehr wohl. Aber hier kommen wir noch zu einem weiteren Vorteil der Gesprächsführung von Top-Verkäufern. Der durchschnittliche Zeitbedarf für ein Verkaufsgespräch reduziert sich. Spitzenverkäufer haben trotz der kürzeren Zeitdauer eine deutlich höhere Erfolgsquote. Dank ihres Vorgehens erreichen sie, dass der Kunde auch kaufen will. Und die gewonnene Zeit nutzen sie entweder für Zusatzverkäufe oder für zusätzliche Termine. Womit ihr Erfolgsvorsprung gegenüber durchschnittlichen Verkäufern nochmals steigt!

Was könnte das bezogen auf eine durchschnittliche Gesprächsdauer von 60 Minuten bedeuten? Anstatt 60 Minuten braucht der Top-Verkäufer für das Verkaufsgespräch vielleicht nur noch 40 Minuten (und damit für die Analyse bei 50 Prozent Zeitanteil 20 Minuten). Nach dem Gesprächsabschluss verabschiedet sich der Verkäufer (und geht zum nächsten Termin) oder er nutzt die eingesparte Zeit für Zusatzverkäufe: Ergänzungsprodukte und Zubehör, andere Produkte, die für den Kunden interessant wären, Aktionen etc.

Selbstverständlich sind die 60 Minuten nur als Beispiel zu verstehen. Je nach Branche und Verkaufsprodukten braucht ein durchschnittliches Verkaufs- und Beratungsgespräch mehr oder weniger Zeit. Ich bin aber überzeugt, dass die Verhältnisse in Bezug auf die mögliche Zeiteinsparung vergleichbar sind.

Dass diese Zusammenhänge stimmen, zeigen einfache Analysen. Die Top-Verkäufer der Unternehmungen haben regelmäßig am meisten Besuche und die höchsten Erfolgsquoten (zum Beispiel gemessen am Anteil der Gespräche mit konkreter Bestellung und dem durchschnittlichen Betrag pro Bestellung). Der Unterschied zwischen den Verkaufsstilen kann noch prägnanter durch den jeweiligen Redeanteil von Kunde und Verkäufer illustriert werden:

Redeanteil	Schlecht	Gut	Top
Kunde	20 – 30 %	50 – 60 %	> 70 %
Verkäufer	70 – 80 %	40 – 50 %	< 30 %

Abbildung 7: Gesprächsanteile Kunde/Verkäufer je nach Verkaufsstil

Top-Verkäufer arbeiten viel mehr mit Fragen (und weniger mit Sagen). Deshalb bringen sie den Kunden auch mehr zum Reden beziehungsweise lassen diesen mehr reden.

3.
Verkaufspsychologie: Menschen richtig erkennen und verstehen

3.1 Von der goldenen Regel zur Platinregel

Wir haben uns ausführlich mit der Gesprächsführung auseinandergesetzt und die wichtigsten Grundsätze und Empfehlungen kennengelernt. Aber Achtung: Nicht alle Menschen sind gleich!

Viele Verkäufer wenden (bewusst oder unbewusst) die sogenannte goldene Regel an: Behandle andere Menschen so, wie du selbst behandelt werden möchtest. Diese Regel klingt logisch und wird auch oft empfohlen, ist jedoch nicht immer richtig und erfolgsfördernd! Wann funktioniert die goldene Regel, wann nicht? Ganz einfach: Wenn Sie als Verkäufer auf einen Kunden treffen, welcher Ihnen ähnlich ist, dann ist die goldene Regel perfekt. Sie verhalten sich (intuitiv) völlig richtig, Sie haben ein Heimspiel! Wenn Sie aber auf einen Kunden treffen, welcher eine andere Persönlichkeit hat, dann ist die goldene Regel kontraproduktiv.

Ein Verkäufer, welcher mit der goldenen Regel verkauft, wird bei Kunden, die ähnlich wie er selbst sind, Erfolg haben. Bei anderen verkauft er aber wenig bis gar nicht. Noch schlimmer: Mit der Zeit wird der Verkäufer nur noch zu den Kunden gehen, bei welchen die Chemie stimmt, und die anderen meiden. Wenn er Glück hat (beziehungsweise genügend Kundenpotenzial in seinem Verkaufsgebiet), stimmen seine Verkaufszahlen. Aber erfolgreich ist er nicht wirklich. Der Verkaufsleitung müsste man empfehlen, einen besseren oder zusätzlichen Verkäufer einzustellen, um das vorhandene Potenzial im Verkaufsgebiet besser ausschöpfen zu können.

Ein Top-Verkäufer wird in seinem Verkaufsgebiet wesentlich mehr vom vorhandenen Kundenpotenzial nutzen. Dies setzt aber das nötige Maß an Selbst- und Menschenkenntnis voraus. Denn im Verkauf gilt die Platinregel:

Platinregel
Behandle andere Menschen so, wie diese behandelt werden möchten!

3.2 Persönlichkeits-Modelle zur Unterscheidung menschlichen Verhaltens

Was für Menschentypen kann man unterscheiden? Zu diesem Thema gibt es sehr viele Ansätze und Modelle. Das älteste wird Hippokrates (um 400 v. Chr.) zugeschrieben, ist aber wahrscheinlich noch älter. Dieses Modell unterscheidet die Menschen nach dem jeweiligen Temperament. Gemäß der antiken Medizin werden diese Temperamentcharaktere auf die Körpersäfte zurückgeführt, welche beim Menschen dominieren. Es werden vier Grundtypen unterschieden: Choleriker (gelbe Galle), Sanguiniker (Blut), Phlegmatiker (Schleim), Melancholiker (schwarze Galle).

In der modernen Psychologie gibt es heute mit der persönlichen Diagnostik eine eigene Disziplin, die sich auf die Frage konzentriert, wie sich Menschen unterscheiden und durch welche Eigenschaften sich unterschiedliche Persönlichkeitstypen valide beschreiben und messen lassen. Im betrieblichen Einsatz wurden Typologien Ende der 70er-Jahre des vergangenen Jahrhunderts populär und so mancher Großkonzern bedient sich dieser Ansätze, um seine Management-Entwicklungsprogramme auf eine solide Basis zu stellen. Persönlichkeits-Modelle werden zu Recht auch bei Verkaufstrainings und -coachings eingesetzt und genutzt.

Heute gibt es im deutschsprachigen Raum eine Vielzahl von Persönlichkeits-Modellen. Eine gute Übersicht und Gegenüberstellung findet sich bei Schimmel-Schloo et al. (2002). Die bekanntesten und am meisten genutzten Typologien sind: Biostruktur-Analyse (wie zum Beispiel das Struktogramm), DISG-Modell, Myers-Briggs-Typenindikator (MBTI), Herrmann-Dominanz-Instrument (HDI) und INSIGHTS. Diese Modelle sind in der Herleitung und den Grundlagen teilweise sehr unterschiedlich, in den Aussagen und der Anwendung aber überraschend vergleichbar. In Bezug auf die Eignung im Verkauf ist für mich ein formaler Aspekt entscheidend, nämlich die Anzahl der unterschiedenen Menschentypen. Für die Diagnostik und Personalselektion ist eine feine Unterscheidung durchaus sinnvoll und nützlich. Für die Anwendung im Verkauf sind aber zu viele Typen verwirrend und in der Praxis nicht mehr nutzbar.

Die Biostruktur-Analyse arbeitet mit drei Grundtypen (Rot, Grün, Blau). Das DISG-Modell, INSIGHTS und HDI unterscheiden jeweils vier Grundtypen. Das ist gegenüber der Biostruktur-Analyse nur ein Typ mehr und in der Anwendung immer noch problemlos. Diesen Zusatztyp (Gelb) zu kennen und zu verstehen, ist jedoch im Verkauf sehr hilfreich und wichtig.

MBTI, welches das DISG- und INSIGHTS-Modell weiter verfeinert, unterscheidet sechzehn Grundtypen. Damit hat man natürlich eine höhere Genauigkeit in Bezug auf die Unterscheidung und Beschreibung verschiedener Menschentypen, die Anwendung und Nutzung wird jedoch wesentlich komplexer. Kaum ein Verkäufer wird in einem Verkaufsgespräch aufgrund dieses Modells den jeweiligen Kundentyp exakt erkennen können.

In meinen Trainings und Coachings arbeite ich mit INSIGHTS MDI (Scheelen 2011). Mit diesem Modell haben Sie ein Handwerkszeug an der Hand, mit welchem Sie unterschiedliche Kundencharaktere erkennen und ihrem Typus entsprechend individuell ansprechen können. Ich möchte an dieser Stelle anmerken, dass Sie auch mit einem anderen Modell arbeiten können, wenn Ihnen dieses mehr zusagt. Entscheidend für die tägliche Arbeit im Verkauf ist nicht, welches Modell Sie einsetzen, sondern dass sie konsequent den Prinzipien und Handlungsmöglichkeiten Ihres bevorzugten Ansatzes folgen. Dies mag zu Beginn umständlich erscheinen. Mit ein wenig Beharrlichkeit werden Sie aber sehr schnell beobachten, wie Sie lernen, Ihr Gegenüber mit seinen Verhaltensweisen und Denkstilen besser einzuschätzen. Damit fällt es Ihnen wesentlich leichter, auf den Kunden einzugehen und in seiner Sprache zu sprechen, also die Platinregel anzuwenden.

3.3 Das INSIGHTS-Modell – Mein Favorit für den Einsatz im Verkauf

Das INSIGHTS-Modell umfasst vier einfache, leicht verständliche Grundtypen. Für die Analyse (wenn man es genauer wissen möchte) stehen Computertests zur Verfügung, welche in relativ kurzer Zeit (fünfzehn Minuten zum Ausfüllen genügen) erstaunlich umfassende und differenzierte Persönlichkeitsprofile liefern mit einer Fülle von sofort umsetzbaren Hinweisen für die Praxis. Für Verkäufer, welche ihr persönliches Selbst- und Fremdbild überprüfen und besser verstehen wollen, sehr wertvoll.

INSIGHTS MDI arbeitet mit einem psychoanalytischen Modell und basiert auf Arbeiten des Psychologen Carl Gustav Jung sowie auf Erkenntnissen von Jolande Jacobi und William Moultion Marston. Im Folgenden werden wir dieses Modell mit seiner Bedeutung für den Verkauf kennenlernen.

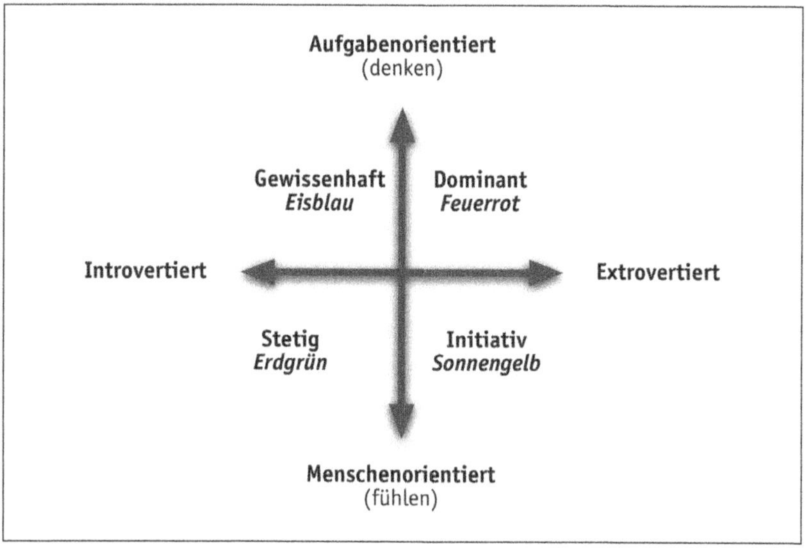

Abbildung 8: Die vier Grundtypen des INSIGHTS-Modells

Die vier Grundtypen des INSIGHTS-Modells werden anhand von zwei Dimensionen abgeleitet, bei welchen jeweils zwei Ausprägungen unterschieden werden. Den Grundtypen wird zudem assoziativ eine Farbe zugeordnet, welche das Erkennen und Verstehen erleichtert.

Die INSIGHTS-Grundtypen unterscheiden Menschen nach Verhaltenspräferenzen. Jeder Typ verhält sich unterschiedlich und hat eine typische Motivationsstruktur. Dabei ist kein Typ besser oder schlechter: Jeder Typ hat seine Stärken, aber auch (damit verbunden) bestimmte Schwächen:

Der **dominante Typ** (feuerrot) ist bestimmend und fordernd. Er tritt entschlossen auf, ist sehr willensstark und geht sehr sach- und zielgerichtet sowie sehr ergebnisorientiert vor. Der Rote ist voller Energie und findet seine Erfüllung in ständiger Aktivität und Handlungsbereitschaft. Er will die Zeit nutzen, um etwas zu erreichen.

Der **initiative Typ** (sonnengelb) ist umgänglich und fröhlich, offen und ideenreich, überzeugend und redegewandt. Er verfügt über eine positive Ausstrahlung und ist bemüht, mit anderen Menschen eine gute Beziehung aufzubauen. Der Gelbe liebt Spaß und Abwechslung und braucht viel Lob und Anerkennung.

Der **stetige Typ** (erdgrün) ist sehr verständnisvoll, mitfühlend, geduldig und gilt als beständig und zuverlässig. Er ist besorgt um das Wohl seiner Mitmenschen, mit denen er eine spannungsfreie, vertrauensvolle, kooperative und harmonische Beziehung aufbauen möchte. Er liebt eine Sicherheit bietende Umgebung, in der er sich auskennt.

Der **gewissenhafte Typ** (eisblau) geht besonnen und analytisch vor. Er ist kritisch (gegen andere und sich selbst), hinterfragt Informationen und will alles ganz genau wissen. Er überlegt sich eine Sache lieber ein Mal zu viel als ein Mal zu wenig. Nur nicht unüberlegt handeln, alle Details beachten, ja keine Fehler (100 Prozent richtig) ist sein Motto.

Die Grundtypen sind hier mit ihren jeweiligen Stärken beschrieben, was dem eigenen Selbstbild entspricht. Aber aufgepasst:

Jeder Charakterzug (Stärke), der stark gelebt wird und ausgeprägt vorhanden ist, kann zu einer Gefahr oder zu einer Schwäche werden!

Diese Schwächen werden vor allem von den Menschen wahrgenommen und empfunden, die einem anderen Grundtyp entsprechen. Die größten Differenzen bestehen jeweils zwischen den sogenannten Gegentypen, die sich in Bezug auf Denken, Fühlen und Handeln am stärksten voneinander unterscheiden. Diese Gegentypen sind: Rot versus Grün und Gelb versus Blau.

Immer wenn Gegentypen aufeinandertreffen, ist deshalb die Gefahr von Spannungen, Reibereien, Missverständnissen und/oder Konflikten am größten. Wie werden die einzelnen Grundtypen von anderen und vor allem von den Gegentypen wahrgenommen? Hier die jeweiligen Fremdbilder:

- Der **Rote** wirkt auf andere aggressiv und autoritär, beherrschend, antreibend, intolerant, anmaßend und arrogant.
- Der **Gelbe** wirkt erregt (voller Begeisterung), voreilig (Details nicht geprüft), aufdringlich, hektisch, indiskret (redet gerne über andere Menschen), extravagant und oberflächlich.
- Der **Grüne** wirkt auf andere fügsam (nimmt sich zurück im Interesse des Konsens), indifferent (bezieht nicht klar Stellung), beleidigt (weil er Dinge schnell persönlich nimmt) und Veränderungen meidend.
- Der **Blaue** wirkt kühl und distanziert, steif, reserviert, misstrauisch, unentschlossen und oft penibel bis zur Kleinlichkeit.

Die meisten Menschen sind Mischtypen und haben mehrere Farben. Eine der Farben ist jedoch in der Regel dominant. Vielleicht gibt es noch eine zweite starke Farbe, allenfalls noch eine dritte als Tupfer.

Wie ein Mensch wahrgenommen wird, hängt nicht nur von seinem Typ ab, sondern immer auch vom Standpunkt des Beurteilenden. Jeder betrachtet die anderen Menschen durch seine jeweils subjektiv gefärbte Brille. Am meisten Mühe mit Sonnengelb hat beispielsweise Eisblau. Für den Roten oder den Grünen ist ein Gelber nicht ganz so mühsam, noch weniger für Mischtypen, die selbst genug von Gelb haben.

3.4 So nutzen Sie die INSIGHTS-Typologie

Mit dem INSIGHTS-Modell ist es möglich, die eigenen Verhaltenspräferenzen und die der Gesprächspartner zu erkennen und zu verstehen. Damit haben Sie es in der Hand, in jedem Verkaufsgespräch die Platinregel konsequent anzuwenden. Dies ist vor allem dann eine persönliche Herausforderung, wenn Sie auf Ihren Gegentyp beziehungsweise (bei zwei starken Farben) auf Ihre Gegenseite treffen!

Und wie können Sie die Platinregel konkret anwenden und umsetzen? Ganz einfach: Fallen Sie in einem Verkaufsgespräch (wie schon mehrmals betont!) nicht mit der Tür ins Haus. Lassen Sie dem Kunden den Vortritt und nehmen Sie seine Person mit allen Facetten (Körpersprache, Verhaltensweisen, Redeweise, Wortwahl etc.) wahr. Dies gibt Ihnen schon viele Hinweise auf seinen Grundtyp. Und jetzt müssen Sie sich einfach auf seine Art einstellen und sich anpassen. Wie? Indem Sie eine ähnliche Körpersprache annehmen wie er. Indem Sie ähnlich reden (schneller/langsamer, ruhiger/lebendiger) und sprechen (Wortwahl) wie er. Damit machen Sie einen wichtigen Schritt auf das Gegenüber zu. Die beste Voraussetzung, damit Sympathie und Vertrauen entstehen können.

Das Ganze ist natürlich noch etwas komplizierter und vielfältiger. Hier die wichtigsten Aussagen und Grundlagen, damit Sie Ihre Gesprächsführung optimieren können:

Der feuerrote Kunde

Verhaltensmuster eines roten Kunden auf einen Blick

- Tritt entschlossen und dominant, aber nicht unfreundlich auf.
- Setzt die Themen, behält die Kontrolle über das Gespräch.
- Gibt sich kühl, unabhängig und kämpferisch.
- Geht in schnellem, oft ungeduldigem Tempo voran.
- Schaut Ihnen gerade und herausfordernd in die Augen.
- Will schnelle Ergebnisse, fordert Konkretes.
- Stellt Dinge infrage, widerspricht, gibt wenig Anerkennung.
- Zeigt geringe Toleranz für Gefühle, Einstellungen und Ratschläge der anderen.

Typischer Kommunikationsstil

- Redet schnell.
- Lässt Sie oft nicht ausreden.
- Ist auf Ergebnisse ausgerichtet.

Entscheidungsverhalten

Rote treffen gern ihre eigenen Entscheidungen, aber sie brauchen von einem Verkäufer Informationen über Alternativen und die möglichen Konsequenzen. Lassen Sie den Roten das Kommando führen, aber legen Sie die Optionen und Wahrscheinlichkeiten auf den Tisch. Drängen Sie den Roten zu einer logischen, positiven Entscheidung noch heute.

Seine Erwartungen

Die größte Chance, akzeptiert zu werden und mit dem Roten ins Geschäft zu kommen, haben Sie, wenn Sie ihm die Kontrolle über das Gespräch überlassen. Feuerrote messen Ziele und Ergebnisse, also bringen Sie dokumentierte Sachinformationen mit, die positive Ergebnisse und Resultate in den Vordergrund stellen.

Angepasster Kommunikationsstil

- Seien Sie klar, konkret und direkt.
- Schwafeln Sie nicht.
- Vergeuden Sie keine Zeit, bleiben Sie beim Geschäftlichen.
- Versuchen Sie nicht, persönlich zu werden oder zu plaudern.
- Stellen Sie konkrete Fragen.
- Bieten Sie Alternativen und Wahlmöglichkeiten an.
- Kommen Sie nicht schon mit einer fertigen Entscheidung.
- Zwingen Sie den Roten nicht in eine Verlierer-Situation.

Der sonnengelbe Kunde

Verhaltensmuster eines gelben Kunden auf einen Blick

- Handelt spontan und trifft Entscheidungen aus dem Bauch.
- Ist engagiert dabei, wirkt manchmal etwas übertrieben und dramatisch, redet viel.
- Gibt sich umgänglich, sehr freundlich und entgegenkommend, zeigt sich emotional beteiligt.
- Signalisiert Interesse und Begeisterung, selbst wenn er nicht vorhat zu kaufen.
- Schaut Sie immer begeistert an. Wenn er kein wirkliches Interesse hat, bekommt er einen „Röntgenblick", der sich im Leeren verliert.
- Geht rasch vorwärts, springt von Thema zu Thema.
- Vergisst die Zeit.
- Hat eine sehr optimistische Haltung.

Typischer Kommunikationsstil

- Redet hauptsächlich von anderen Menschen, weniger über Sachen und abstrakte Themen.
- Übertreibt gerne.
- Neigt zu Verallgemeinerungen.
- Spricht am meisten über sich selbst.

- Lebendige und bildhafte Ausdrucksweise.
- Viele Gesten und lebhaftes Minenspiel.
- Hört nicht sehr intensiv zu.

Entscheidungsverhalten

Gelbe treffen Entscheidungen ausschließlich aufgrund ihrer Gefühle. Die Meinungen von Leuten, die er für wichtig oder erfolgreich hält, können bei dieser Entscheidung großen Einfluss haben. Die Erwartungen des Gelben erfüllen Sie am besten, indem Sie Empfehlungen prominenter Kunden vorlegen. Auch Vergünstigungen als Anreiz für eine schnelle Kaufentscheidung machen Eindruck.

Seine Erwartungen

Gelbe suchen Anerkennung und Wertschätzung. Wie Sie beim Gelben ankommen, hängt meist mit den Gefühlen zusammen, die er Ihnen gegenüber empfindet. Indem Sie offen Interesse am Gelben zeigen, machen Sie ihm Ihre Persönlichkeit angenehm und bringen den Beziehungsprozess in Gang.

Angepasster Kommunikationsstil

- Lassen Sie sich Zeit zum Aufbauen der Beziehung.
- Seien Sie nicht schroff, kalt oder schweigsam.
- Reden Sie über Leute und ihre Ziele.
- Hacken Sie nicht auf Fakten, Zahlen und Alternativen herum.
- Bieten Sie Ideen zum konkreten Handeln an.
- Legen Sie Referenzen von Leuten vor.
- Bringen Sie Witz mit ein beziehungsweise lachen Sie (zumindest) spontan.

Der erdgrüne Kunde

Verhaltensmuster eines grünen Kunden auf einen Blick

- Vertrauen in Sie als Verkäufer ist existenziell.
- Handelt und entscheidet zögerlich.
- Mag keine Konflikte, vermeidet strittige Themen.
- Ihrer Präsentation hört er aktiv zu.
- Akzeptiert andere, ist respektvoll und freundlich.
- Schaut Sie freundlich an, wenn er positiv eingestellt ist. Vermeidet Blickkontakt, wenn er Probleme hat.
- Bezieht sich auf Kollegen und deren Meinungen.
- Ist zurückhaltend, aber informell und bevorzugt es, sich gegenseitig beim Vornamen zu nennen.
- Stellt viele Fragen.
- Äußert seine persönlichen Gefühle.

Typischer Kommunikationsstil

- Spricht mit Wärme.
- Ruhiger Tonfall.
- Mag ausführliche Diskussionen.

Entscheidungsverhalten

Da Grüne Risiken bei Entscheidungen gerne vermeiden, erwarten sie von Ihnen wohlbegründete Meinungen statt Optionen – Meinungen, nach denen sie beruhigt handeln zu können glauben. Sie wollen Ihre persönliche Versicherung, dass Sie ihre Kaufentscheidung unterstützen werden, und solide Garantien für das Produkt. Garantien und Zusicherungen, die nach hinten losgehen, werden den Zorn des Grünen erregen, der ein gutes Gedächtnis hat und sich mit großer Beharrlichkeit zurückholt, was ihm zusteht.

Seine Erwartungen

Mehr als jeder anderer möchte der Grüne in Ihr Inneres schauen, um herauszufinden, ob Sie „echt“ sind. Grüne schätzen Akzeptanz in Sinne von persönlicher Aufmerksamkeit. Indem Sie bedeutungsvolle Fragen stellen, die auf persönliche Ansichten und Ziele gerichtet sind, und sorgfältig zuhören und Feedback geben, erfüllen Sie die Erwartungen des Grünen. Schaffen Sie ein auf gemeinsame Problemlösungen und gegenseitige Unterstützung ausgerichtetes Umfeld, um beim Grünen Glaubwürdigkeit zu gewinnen.

Angepasster Kommunikationsstil

- Beginnen Sie mit persönlichen Bemerkungen.
- Brechen Sie das Eis, stürzen Sie sich nicht gleich aufs Geschäft.
- Zeigen Sie echtes Interesse an ihm als Person.
- Stellen Sie konkrete Fragen.
- Seien Sie nicht abrupt oder drängend.
- Bieten Sie persönliche Zusicherungen und Garantien.
- Versprechen Sie nichts, was Sie nicht einhalten können.
- Erzwingen Sie keine schnelle Entscheidung.

Der eisblaue Kunde

Verhaltensmuster eines blauen Kunden auf einen Blick

- Wirkt ernst und reserviert.
- Ist sehr beharrlich und fragt viel nach.
- Sein Tempo ist gemessen und vorsichtig.
- Fragt nach schriftlichem Material und macht sich selbst Notizen.
- Ist diszipliniert im Umgang mit der Zeit.
- Vermeidet längeren Blickkontakt.
- Schätzt straffe Organisation, Struktur und Ordnung.

Typischer Kommunikationsstil

- Redet langsam und bedächtig.
- Stimme moduliert kaum.
- Kaum Gesten/Minenspiel.
- Ausgewogene, präzise Formulierungen.

Entscheidungsverhalten

Blaue versuchen eine Entscheidung hinauszuschieben, bis sie recherchiert, nachgeforscht und analysiert haben, um das Risiko eines Fehlers zu minimieren. Sie erwarten von Ihnen, dass Sie Fakten und Beweise, nicht Meinungen dafür vorlegen, dass dies sowohl kurzfristig als auch langfristig die beste Entscheidung ist. Sie wünschen sich von Ihnen einen kontinuierlichen, professionellen Service mit einem Minimum an Ärger und einem Maximum an Sicherheit.

Seine Erwartungen

Blaue gewinnen Sie durch Ihre Ordentlichkeit, Akkuratheit, Beharrlichkeit und Konsequenz. Lassen Sie dem Blauen Zeit, sich alle Details gründlich zu vergegenwärtigen, bevor Sie langsam und gleichmäßig weitergehen. Blaue erwarten von Ihnen, dass Sie gut recherchieren, um die Möglichkeit eines Irrtums zu minimieren. Benutzen Sie das geschriebene Wort – Daten, Zitate, Angebote und so weiter – als Vorbereitung und Unterstützung Ihrer persönlichen Präsentation.

Angepasster Kommunikationsstil

- Bereiten Sie Ihr Anliegen gut vor.
- Seien Sie gut organisiert.
- Seien Sie nicht lässig, informell oder persönlich.
- Bauen Sie Glaubwürdigkeit auf, indem Sie jede Frage seriös beantworten.
- Erzwingen Sie keine rasche Entscheidung.
- Entwerfen Sie einen „Aktionsplan“ mit festen Terminen und Meilensteinen.
- Geben Sie genügend Informationen und Zeit, eine Entscheidung zu treffen.

3.5 Was für ein Typ sind Sie?

Spannend ist nicht nur, wie Sie die Kunden-Typen erkennen und verstehen, sondern dass Sie auch sich selbst erkennen. Je mehr Sie wissen, was für ein Verkäufer-Typ Sie sind, desto bewusster werden Ihnen Ihre Stärken, aber auch Ihre persönlichen Schwächen und Gefahren. Damit können Sie an den Fähigkeiten arbeiten, welche Ihnen erlauben, erfolgreicher mit anderen Menschentypen umzugehen und damit Ihre Verkaufschancen zu vergrößern.

Über die Arbeit mit INSIGHTS ist mir selbst beispielsweise sehr viel stärker bewusst geworden, dass ich in meiner Persönlichkeit hohe Rotanteile und damit tendenziell Probleme habe, anderen zuzuhören. Das ist ein Stückweit noch immer so. Doch seitdem mir diese Schwäche klar geworden ist, kann ich damit viel besser umgehen. In Verkaufsgesprächen folge ich daher nicht (wie früher) meinem inneren Drang und rede sehr viel, sondern übe mich in bewusster Zurückhaltung. Dies hilft nicht nur im Verkauf, sondern auch in vielen anderen Lebenssituationen.

Der feuerrote Verkäufer

Sind Sie entschlossen, willensstark, handlungsfreudig, durchsetzungsfähig, zielorientiert und ehrgeizig? Dann gehören Sie zum roten Verkäufer-Typ. Als selbstbewusster Macher wissen Sie ganz genau, was Sie wollen. Ein Nein akzeptieren Sie nicht so schnell.

Ihre Zielstrebigkeit und Dominanz hat aber auch Schattenseiten. Geduldiges Zuhören gehört nicht zu Ihren Stärken. Manchmal sind Sie blind für mögliche Alternativen. Sie haben die Tendenz, für viele viel zu schnell zu reden – und können oft gar nicht warten, bis der Gesprächspartner auf Ihre Frage antwortet. Auf manche Kunden können Sie zuweilen einschüchternd wirken. Für Kunden, welche Wert auf einen menschlich-freundschaftlichen Umgang legen, kommen Sie viel zu schnell zur Sache.

Sie sollten daher unbedingt an Ihrer Fähigkeit arbeiten, aktiv zuzuhören und das Verkaufsgespräch verstärkt durch Fragen zu leiten. Sie sollten lernen, sich in gewissen Situationen zurückzunehmen, Argumente anderer zu überdenken und auch einmal etwas aus einer anderen als der eigenen Perspektive zu sehen.

Der sonnengelbe Verkäufer

Sind Sie zumeist gut gelaunt und umgänglich, enthusiastisch und immer freundlich gegenüber anderen Menschen? Können Sie durch Ihre positive Art schnell eine emotionale Beziehung zum Kunden herstellen? Dann gehören Sie zum gelben Verkäufer-Typ.

Die Kommunikationsfähigkeit ist eine Ihrer Stärken. Damit verbunden ist jedoch die Gefahr, dass Sie selbst zu viel reden. Sie vermitteln zwar den Eindruck, von einer Sache viel zu verstehen. Da bei Ihnen die Fach- und Produktkenntnisse nicht im Vordergrund stehen, bleiben Sie aber eher oberflächlich in Ihren Aussagen und gehen Detailfragen aus dem Weg. Gespräche bereiten Sie (wenn überhaupt) nur sehr rudimentär vor. Die Nacharbeitung der Verkaufsgespräche und das Nachfassen gehört auch nicht zu Ihren Stärken. Damit besteht die Tendenz, dass gute Ansätze und Initiativen wieder versanden.

Bereiten Sie sich deshalb gut auf Kundengespräche vor. Holen Sie die entsprechenden Informationen ein, setzen Sie sich klare (minimale und maximale) Ziele. Im Kundengespräch müssen Sie alle Unterlagen und Muster dabeihaben und besorgt sein, dass Sie die Produktvorteile mit dem Kundennutzen nicht vernachlässigen. Stellen Sie mehr Fragen und lassen Sie vor allem den Kunden reden. Achten Sie darauf, dass genügend Zeit für die Abschlussphase bleibt und dass Sie eine größtmögliche Klarheit und Verbindlichkeit erreichen. Nach dem Gespräch erledigen Sie Pendenzen umgehend und planen Sie die notwendigen Nachfasstermine.

Der erdgrüne Verkäufer

Sind Sie ruhig und ausgeglichen, mit einer freundlichen und warmherzigen Art? Versuchen Sie sich in den Kunden hineinzuversetzen und sich partnerschaftlich und loyal zu verhalten? Sind Sie die Zuverlässigkeit in Person, ein anerkannter Beziehungsmanager und beliebter Kollege, welcher gut zuhören kann und stets hilfsbereit ist? Dann gehören Sie zum grünen Verkäufer-Typ.

Ihre Stärken sind aber zugleich die Ursachen für Ihre Schwächen. Im Verkaufsgespräch sind Sie zu zurückhaltend und wirken oft zu wenig selbstbewusst. Sie überlassen dem Kunden die Initiative und legen wenig Entscheidungsfreude an den Tag. Gepaart mit Ihrer Angst vor Veränderungen und dem stark ausgeprägten Sicherheitsbedürfnis sorgt das dafür, dass Sie oft Abschlusschancen verpassen.

Arbeiten Sie an Ihren Fähigkeiten, im Kundengespräch aktiver vorzugehen, also vermehrt zu agieren statt zu reagieren. Viele Kunden haben zu wenig konkrete Vorstellungen und wollen gelenkt und beraten werden. Etwas mehr Begeisterung und Enthusiasmus würde Ihnen in der Präsentationsphase gut anstehen. Durch ein größeres Selbstvertrauen und mehr Vertrauen in Ihre Nutzenargumente gewinnen Sie an Überzeugungskraft. Gehen Sie natürlich und selbstsicher in die Abschlussphase und sorgen Sie für größtmögliche Verbindlichkeit.

Der eisblaue Verkäufer

Sind Sie besonnen, gewissenhaft und präzise? Wollen Sie immer alles ganz genau verstehen? Sammeln Sie viele Unterlagen? Überlegen und prüfen Sie alles zuerst im Detail, bevor Sie handeln? Haben Sie die Sache gründlich durchdacht, alle verfügbaren Informationen eingeholt, das Für und Wider sorgfältig abgewogen, bevor Sie dem Kunden zu etwas raten? Dann gehören Sie zum blauen Verkäufer-Typ.

Auch bei Ihren Stärken gibt es eine Kehrseite. Ihre sachliche, kühle und distanzierte Art erschwert Ihnen den Aufbau eines Vertrauensverhältnisses mit Ihren Kunden. Ihre Detailverliebtheit kann zur Entscheidungsschwäche führen. Ihre Furcht, eine Fehlentscheidung zu treffen, zu mangelnder Handlungsorientierung. Sie sind zwar häufig ein guter Berater, aber nicht immer ein erfolgreicher Verkäufer.

Arbeiten Sie an der Verbesserung Ihrer kommunikativen Kompetenz. Verlassen Sie sich nicht nur auf die faktengesättigte Analyse, sondern interessieren Sie sich auch für die Personen mit ihren Wünschen, Sorgen und Nöten. Lernen Sie, neben dem Produktnutzen den konkreten Kundennutzen darzustellen. Trainieren Sie die Fähigkeit, sich vermehrt in den Kunden hineinzuversetzen.

3.6 Fazit

Wenn Sie erkannt haben, zu welchem Verkäufer-Typ Sie gehören oder tendieren, erkennen Sie Ihr Verbesserungspotenzial. Lernen Sie, Ihre Stärken dosierter einzusetzen und Ihre Schwächen besser zu steuern und zu kontrollieren. Wählen Sie aus Ihrem Kundenstamm die Kunden aus, mit welchen Sie ein interessantes Verkaufspotenzial hätten, sich bisher aber schwergetan haben und Mühe hatten, ein gutes Verkaufsgespräch hinzubekommen. Gehören diese Kunden vielleicht zu Ihren Gegentypen?

Wenden Sie nun bei diesen Kunden Ihr neues Wissen an und konzentrieren Sie sich auf die Platinregel. Legen Sie sich die jeweils entsprechende Strategie zurecht und probieren Sie diese aus. Freuen Sie sich an den Erfolgen, lernen Sie aus Fehlern und geben Sie nicht zu schnell auf. Es lohnt sich!

4.
Können: Gesprächstermine bekommen

Bevor wir überhaupt ein Kundengespräch führen können, müssen wir einen Termin haben oder bekommen. Bei bestehenden Kundenbeziehungen ist dies relativ einfach. Ganz anders, wenn wir akquirieren, also neue Kontakte aufbauen wollen beziehungsweise müssen.

In gewissen Branchen sind neue Kontakte nicht nur zu potenziellen Endkunden (also zu dem Kunden, der schlussendlich kauft) wichtig, sondern auch zu Entscheidungsträgern, Beeinflussern und Intermediären beziehungsweise Vermittlern. In der Baubranche ist es zum Beispiel für einen Systemlieferanten entscheidend, möglichst bereits in der Planungsphase eines Bauobjektes aktiv zu sein und dafür zu sorgen, dass das eigene System ausgeschrieben wird. Dazu braucht es eine Bearbeitung des Architekten, allfälliger Fachplaner, des Bauherren und/oder des Generalunternehmers. Nach der Ausschreibung muss die Vergabe begleitet und der Kontakt zu dem Unternehmer sichergestellt werden, welcher den Auftrag schlussendlich bekommt. Nicht zu vernachlässigen ist natürlich auch noch der Kontakt zum Bauhandel.

In diesem Kapitel wollen wir uns auf einen wichtigen Teilaspekt der Akquisition konzentrieren, welcher gerade (aber nicht nur) jungen Verkäufern oft sehr schwerfällt: die Terminvereinbarung am Telefon. Für eine ausführliche Behandlung des Akquisitionsthemas empfehle ich Ihnen das Buch *Heute akquirieren – sofort profitieren* von Ardeschyr Hagmaier (2005).

Die Technik für eine erfolgreiche Terminvereinbarung am Telefon ist einfach und lernbar. Aber damit Sie zum Könner werden, müssen Sie sich mit Ihrer eigenen Einstellung auseinandersetzten. Dies möchte ich Ihnen gleich zum Einstieg aufzeigen und bewusst machen.

4.1 Passen Sie auf, was Sie denken

Diesen Satz haben wir schon in einem anderen Zusammenhang kennengelernt. Er trifft auch hier voll zu. Aus eigener Erfahrung und aufgrund unzähliger Coachings am Telefon weiß ich, dass die innere Einstellung und damit die (bewussten und vor allem unbewussten) Gedanken das größte Hindernis für eine erfolgreiche Terminvereinbarung in der Akquisition sind. Typische Denkblockaden (= hinderliche Glaubens- und Überzeugungssätze) sind zum Beispiel:

- Der Kunde hat viel zu tun, ich stehle ihm seine Zeit.
- Ungebetene Anrufe sind unerwünscht und lästig.
- Keiner wartet auf mich.
- Ich will niemanden nerven.
- Am Telefon jemanden zu gewinnen ist sehr schwierig. Der persönliche Kontakt ist da viel einfacher.
- Der Kunde hat gar kein Interesse und keinen Bedarf.
- Je größer die Firma, umso mehr wird man geblockt durch die Sekretärin.
- Wenn kein Interesse da ist, kann man am Telefon wenig erreichen.
- Ich bin doch kein Klinkenputzer!

Sie sehen, es gibt vielfältige Blockaden. Die meisten sind für mich schwer nachzuvollziehen. Wenn wir einen Kunden anrufen, wissen wir doch, dass er mit unseren Produkten arbeitet beziehungsweise diese einsetzen und nutzen könnte. Der Bedarf ist in der Regel grundsätzlich gegeben. Widerstände kommen eher aus der zeitlichen Überlastung und aus Unkenntnis bezüglich der Vorteile und Nutzen, die wir bieten können. Und das ist ja genau der Grund, wieso wir anrufen und einen Termin vereinbaren wollen!

Wenn wir überzeugt sind (zum Beispiel aufgrund positiver Erfahrungen bestehender Kunden), dass unsere Produkte und Systeme klare Vorteile haben, sollten wir doch gerade im Interesse des potenziellen Kunden einen Termin suchen.

Das mit dem Klinkenputzen war für mich eine schockierende Erfahrung. Im Auftrag des Geschäftsführers sollte ich mit den Verkäufern (Pardon: Verkaufsberatern) einen Workshop durchführen, um die Akquisition zu verbessern. Neben dem Internetauftritt mit Suchmaschinenoptimierung, welche durchaus Erfolge gebracht hatte, waren bereits viele weitere Möglichkeiten (unter anderem Telefonakquisition über eine Agentur) mit minimalem Erfolg ausprobiert worden. Was aus meiner Sicht Erfolgschancen versprochen hätte, wäre die gezielte Nutzung des Telefons durch die Verkaufsberater zur Identifikation und Ansprache der (eigentlich bekannten) Zielkunden. Gegen diese Idee und Strategie hat vor allem einer der Verkaufsberater (seit sechs Monaten angestellt zur Stärkung des Verkaufs!) opponiert. Folgender Dialog ergab sich:

V: *Mit diesem Vorgehen bin ich überhaupt nicht einverstanden!*
I: *Wieso nicht?*
V: *Dafür bin ich nicht angestellt, ich bin doch kein Klinkenputzer!*
I: *Wofür bist du dann angestellt?*
V: *Zur Beratung der Kunden!*
I: *Und wenn du zu wenig Kunden beziehungsweise Interessenten hast, die sich melden. Was machst du dann?*
V: *Das ist nicht mein Problem!*
I: *Wessen dann?*
V: *Das ist ein Problem des Marketings. Die müssen sich etwas einfallen lassen, damit wir mehr Anfragen bekommen!*
I: *Aber man hat doch bereits alles Mögliche versucht, ohne Erfolg. Die Telefonakquise direkt durch euch als kompetente und zuständige Verkaufsberater ist erfahrungsgemäß sehr Erfolg versprechend und könnte doch angegangen und ausprobiert werden – oder nicht?*
V: *Aber dafür bin ich nicht angestellt. Da mach ich nicht mit!*

Die Geschichte ist nicht erfunden, sondern hat sich wirklich so abgespielt. Für mich ist diese Haltung und Einstellung schwer nachvollziehbar. Wenn ich überzeugt bin und (von bestehenden Kunden) weiß, dass meine Produkte interessant und wertvoll sind, kann ich doch problemlos potenzielle Neukunden anrufen. Klar werden diese sich nicht immer über meinen Anruf freuen. Aber das ist verständlich: Sie haben wenig Zeit und kennen unsere Produkte noch gar nicht. Ich als Verkäufer muss nun den (potenziellen) Kunden motivieren und Interesse wecken, damit ich den Termin bekomme. Wenn der Kunde dann meine Produkte kennengelernt hat, einsetzt und nutzt, wird er begeistert und mir dankbar sein, dass ich angerufen habe!

Können (und wollen) Sie so denken? Wenn nicht, sollten Sie sich einen Job suchen, bei welchem Sie nicht akquirieren müssen (oder sollten). Wenn ja: Legen Sie los und akquirieren Sie! Denn: ***Übung macht den Meister!***

4.2 Der Telefonburger: Struktur fürs schnelle Termingespräch

Neben der richtigen Einstellung braucht es für eine erfolgreiche Akquisition und Terminvereinbarung am Telefon auch das richtige Vorgehen. In dieser Beziehung werden sehr viele Fehler gemacht. Wenn man einmal erkannt hat, wie man vorgehen muss, und konsequent mit einem entsprechenden Leitfaden telefoniert, wird das Akquirieren plötzlich viel einfacher und die Erfolgsquoten steigen deutlich.

Ganz wichtig ist, dass Sie eine erfolgsorientierte Struktur (ähnlich wie beim Verkaufsgespräch) in Ihrem Termingespräch befolgen. Erinnern Sie sich noch? Eine Struktur gibt dem Gespräch eine klare Ausrichtung und führt Sie fast automatisch zum Ziel. Wie geht das?

In meinen Trainings und Coachings arbeite ich mit dem sogenannten Telefonburger. Dieser sieht wie folgt aus:

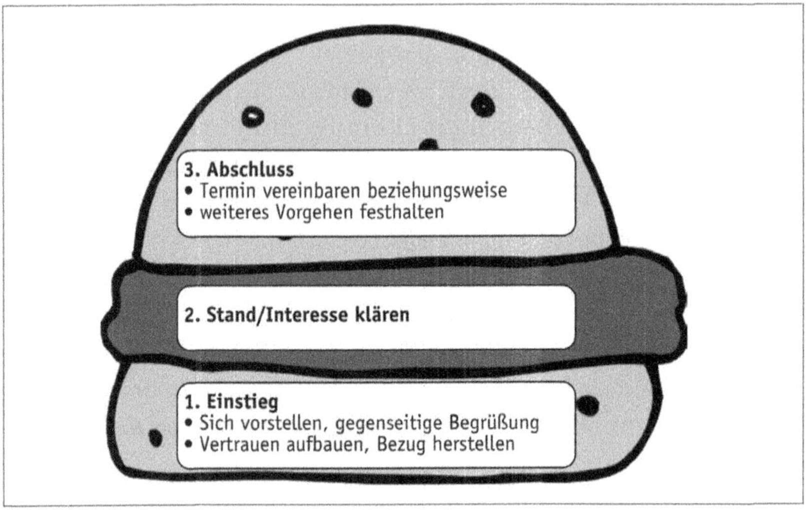

Abbildung 9: Der Telefonburger für das Termingespräch

Der Telefonburger ist sehr einfach aufgebaut und hat nur drei Teile beziehungsweise Phasen. Klar – nicht immer kommen Sie so einfach zu einem Termin. Es gibt natürlich auch am Telefon Einwände (beziehungsweise Vorwände und Widerstände). Auf die wichtigsten Einwände müssen Sie sich entsprechend vorbereiten und mit diesen geschickt umgehen. Dann können Sie mit einem entsprechenden Zusatzschritt (Einwandbehandlung) trotzdem zu einem erfolgreichen Abschluss kommen (dazu später mehr).

Denken Sie auch bei der Terminvereinbarung am Telefon an den Grundsatz *Verkaufen ist ein Quotengeschäft!*, den wir schon im Abschnitt 2.6 *Phase des Abschlusses* kennengelernt haben.

Auch mit dem Telefonburger und mit den folgenden Empfehlungen wird es niemals hundertprozentigen Erfolg geben. Aber ich verspreche Ihnen: Sie werden Ihre heutige Erfolgsquote steigern. Und Sie werden viel einfacher und öfter zu Terminen kommen, als Sie vielleicht jemals gedacht haben.

Der Einstieg beim Telefonburger

Auch bei der Telefonakquise gilt folgender Grundsatz:

Merke
Der erste Eindruck ist der wichtigste!

Deshalb ist der Einstieg nicht nur im Direktkontakt, sondern auch am Telefon sehr entscheidend.

Wichtig ist, dass Sie sich zu Beginn des Telefonates klar und deutlich melden. Der Angerufene soll Sie verstehen und sofort wissen, wer am Apparat ist. Achten Sie auch auf Ihr Sprechtempo. Wie wir vom letzten Kapitel wissen, reden gewisse Kunden eher schnell (rot und gelb) beziehungsweise eher langsam (blau und grün). Was machen wir, wenn wir den Kunden nicht kennen? Ganz einfach: am Anfang nicht zu schnell und nicht zu langsam reden. Und dafür sorgen, dass der Kunde möglichst schnell auch etwas sagen muss (beziehungsweise kann), damit Sie sein persönliches Sprechtempo erkennen. Dann können Sie sich mit Ihrem Sprechtempo anpassen! Das Anpassen des Sprechtempos ist gar nicht so schwierig (wenn man aufmerksam ist, genau hinhört und sich auf den Kunden einstellen will). Passen Sie dabei auf, dass Sie sich nicht zu stark unter Druck setzen und sich zu 100 Prozent anpassen wollen. Denn Sie erreichen bereits viel, wenn Sie zumindest folgende Empfehlung einhalten:

Merke
Ich vermeide Gegensätze!

Was heißt das genau? Gehen Sie im Redetempo und in der Sprechweise auf den Kunden zu und versuchen Sie bewusst, starke Gegensätze (zum Beispiel er schnell, Sie langsam oder umgekehrt) zu vermeiden. Und je mehr Sie das üben, umso besser werden Sie sich anpassen!

Damit der Kunde Sie klar versteht, brauchen Sie auch eine gute Telefonleitung und die volle Konzentration. Deshalb keine Akquisitionstelefonate während des Autofahrens!

Wie gesagt soll der Kunde möglichst schnell zu Wort kommen und aktiviert werden. Deshalb dürfen Sie nicht zu lange auf ihn einreden. Wobei am Telefon schon 10 bis 15 Sekunden für den Angerufenen sehr lange sein kann, zum Beispiel nach dem folgenden Muster:

K: (meldet sich am Telefon) *Müller!*

V: *Guten Tag, Herr Müller. Ich bin von der Firma Metallbau AG in Zürich, mein Name ist Hans Muster. Wir sind spezialisiert auf individuelle und maßgeschneiderte Lösungen. Als technischer Verkaufsberater bin ich für Sie zuständig. Haben Sie einen Bedarf, wo ich Sie unterstützen kann?*

Dieser Einstieg dauert (von mir in einem durchschnittlichen Tempo gesprochen) rund 18 Sekunden, was sehr lang ist. Keine gute Idee wäre, einfach schneller zu reden. Dann wird es zwar zeitlich etwas kürzer, für den Angerufenen aber wahrscheinlich noch schlimmer („Überfall am Telefon").

Wie kann man beim Einstieg ins Telefonat besser vorgehen? Hier empfehle ich häppchenweise vorzugehen. Der erste Schritt ist die gegenseitige Begrüßung. Als Motto gilt:

Merke
Ich zelebriere die Begrüßung!

Was heißt das? Ganz einfach: Wenn der Angerufene das Telefon abnimmt, melden Sie sich mit einer klaren, deutlichen und sympathischen Stimme und warten, bis der Angerufene Sie begrüßt.

K: (meldet sich am Telefon) *Müller!*
V: *Guten Tag, Herr Müller. Firma Metallbau AG, Hans Muster.*
K: *Guten Tag, Herr Muster!*

Wenn man das so liest, ist die Vorstellung des Verkäufers verkürzt beziehungsweise abgehackt, also kein richtiger Satz. In der mündlichen Kommunikation ist das aber kein Problem, häufig sogar die Regel. Selbstverständlich könnte man sich auch grammatikalisch korrekt melden:

K: (meldet sich am Telefon) *Müller!*
V: *Guten Tag, Herr Müller. Ich bin von der Firma Metallbau AG, mein Name ist Hans Muster.*
K: *Guten Tag, Herr Muster!*

Sie werden jetzt vielleicht denken, dass der erste Teil des Einstiegs (sich vorstellen, gegenseitiges Begrüßen) doch eine Selbstverständlichkeit sei. Meine ich auch. Die Realität zeigt allerdings, dass viele (und nicht nur) Verkäufer sich am Telefon sehr undeutlich und unverständlich melden, gar nicht warten, bis der Angerufene ihn begrüßen kann, sondern gleich weiterreden und zur Sache kommen (siehe Beispiel oben). Damit können aber beim Kunden bereits negative Emotionen geweckt werden, womit der erste Eindruck und die Voraussetzungen für ein gutes Gespräch denkbar schlecht sind.

Verkäufer haben mir schon gesagt, dass das mit der gegenseitigen Begrüßung doch in der Praxis meistens gar nicht funktioniert: „Der (potenzielle) Kunde kennt mich nicht und begrüßt mich eigentlich nie mit meinem Namen."

Klar kann dies bei einem (schwierigen beziehungsweise nicht so gängigen) Namen beziehungsweise bei einem unfreundlichen Kunden vorkommen. Aber trotzdem sollten Sie warten und dem Kunden Gelegenheit geben, dass er Sie am Telefon begrüßen kann. Vielleicht sagt er dann einfach „Hallo" oder „Guten Tag", ohne Ihren Namen zu nennen. Dies ist aus meiner Sicht und Erfahrung aber immer noch besser, als wenn Sie die Begrüßung übergehen und gleich weiterreden.

Eine interessante Frage ist, ob man sich als Verkäufer am Telefon mit oder ohne Vornamen melden soll. Diese Frage löst in meinen Trainings und Coachings teilweise sehr hitzige Diskussionen und viele Emotionen aus. Aus meiner Sicht ist die Antwort einfach und logisch: ***Ich stelle mich immer mit Vor- und Nachnamen vor!***

Wieso? Erinnern Sie sich noch an die Verkaufsmathematik, die wir im Abschnitt 2.6 *Phase des Abschlusses* kennengelernt haben? Die Basisformel im Verkauf lautet doch wie folgt: ***Sympathie kommt vor Vertrauen, Vertrauen vor Nutzen, Nutzen vor Preis! (S>V>N>P!)***

Sympathie und Vertrauen sind das Fundament, die Voraussetzung, damit ein Verkauf zustande kommt. Wenn der Kunde Ihre Firma nicht kennt beziehungsweise eher skeptisch eingestellt ist, haben Sie nur eine Chance, wenn Sie über Ihre Person Sympathie und Vertrauen aufbauen können. Deshalb sollten Sie sich persönlich melden, eben mit Vor- und Nachnamen.

Gewisse Verkäufer, welche sich bisher immer nur mit Nachnamen melden, äußern (für mich) die komischsten Bedenken. Beispielsweise: „Unsere Firmenbezeichnung ist schon sehr lange. Wenn ich jetzt neben dem Nachnamen noch den Vornamen verwenden muss, wird das Ganze wirklich viel zu lang und nervt den Kunde!" Wie viel zusätzliche Zeit braucht man, um den Vornamen auszusprechen? Bei Christoph wären es etwa 0,1 Sekunden. Dies fällt doch wirklich nicht ins Gewicht und ist gut investierte Zeit.

Ein anderes Gegenargument, das ich leider auch schon im Verkauf gehört habe, ist: „Wenn ich den Vornamen nennen muss, wird mir das Ganze zu persönlich. Das will ich eigentlich gar nicht. Ich möchte Geschäftliches und Privates klar trennen.“ Diese Einstellung ist für mich im Verkauf falsch und gefährlich. Das wichtigste Verkaufsinstrument eines Verkäufers ist doch immer noch seine eigene Person (Auftreten, Ausstrahlung, Motivation, Begeisterung, Erfahrung, Können, Einsatz etc.). Deshalb kann und sollte man seine Person nicht verstecken, sondern einbringen und das Persönliche sogar betonen und fördern. Das heißt jetzt nicht, dass alle Ihre Kunden zu Freunden werden müssen, mit denen Sie sich sogar privat treffen. Aber gerade auch im heutigen Geschäftsleben sind (für Sie und Ihre Kunden) freundliche, offene und damit auch persönliche Geschäftsbeziehungen wertvoll und wichtig.

Die Erfahrung zeigt, dass die Verwendung des Vornamens im Verkauf nur Vorteile bringt. Die Telefonate sind im Schnitt (aber natürlich nicht immer) offener, positiver und persönlicher.

Wenn Sie sich heute immer noch nur mit dem Nachnamen melden, wird die Umstellung für Sie nicht so einfach sein. Denn wie bereits gesagt: Der Mensch ist ein Gewohnheitstier! Jetzt müssen Sie sich darauf konzentrieren, sich vielleicht auch zwingen, dass Sie konsequent den Vornamen verwenden. Das wird zu Beginn für Sie etwas komisch sein, aber alles ist eine Frage der Übung. Und wenn Sie es lange genug durchhalten, haben Sie plötzlich eine neue Gewohnheit und die Verwendung des Vornamens ist für Sie einfach und normal. Aus meiner persönlichen Erfahrung kann ich Ihnen versichern: Halten Sie durch, es lohnt sich!

Wenn wir schon beim Sich-Melden am Telefon sind, sollten wir noch kurz das Thema Sprachbox (auch als Mailbox beziehungsweise in der Schweiz als Combox bezeichnet) behandeln. Das Mobiltelefon ist heute für die meisten Verkäufer das wahrscheinlich wichtigste Kommunikationsinstrument. Wenn das Telefon besetzt ist oder der Verkäufer in einer Besprechung ist, meldet sich in der Regel seine Sprachbox. Für mich unverständlich ist, dass immer mehr Verkäufer keine persönliche Ansage mehr haben, sondern den Service des Providers nutzen. Dann meldet sich eine Standardstimme (bei Verkäufern sogar oft die einer Frau!). Bei Swisscom zum Beispiel mit folgenden Worten: „Willkommen bei Combox von Swisscom. Der Teilnehmer mit der Nummer ... ist momentan nicht erreichbar. Bitte hinterlassen Sie nach dem Signalton Ihre Nachricht." Die Stimme ist zwar nicht unsympathisch, aber nicht der Verkäufer selbst spricht, sondern eine Standardansage vom Computer. Also völlig unpersönlich! Finden Sie das gut? Ich nicht. Der Anrufende kann nicht einmal überprüfen, ob er wirklich die richtige Person erreicht hat – er könnte ja die falsche Nummer aufgeschrieben oder gewählt haben.

Gewisse Verkäufer machen es sich noch einfacher: Sie verzichten auf die Sprachbox! Begründung: „Heute redet doch eh keiner mehr auf das Band. Und wenn dauernd auf das Band geredet würde, kostet mich das Abhören der Nachrichten viel zu viel Zeit. Da rufe ich doch lieber gleich zurück. Meine Kunden wissen das doch, also überhaupt kein Problem." Für bestehende Kunden, die das gewöhnt sind, ist das vielleicht durchaus akzeptabel. Interessenten und Neukunden gibt es offenbar nicht?! Diese möchten doch wissen, ob sie richtig verbunden sind. Und dann kann es auch mit bestehenden Kunden oder Mitarbeitern der eigenen Firma Situationen geben, wo man ganz einfach eine Information auf die Sprachbox sprechen möchte. Damit würden sich viele unnötige Rückrufe erübrigen.

Aus meiner Sicht hat es aber auch mit Ihrem persönlichen Marketing als Verkäufer zu tun. Der Kunde soll mit Ihrer Person vertraut werden und sich an Sie gewöhnen. Und dann ist es doch wichtig und richtig, dass der Anrufende auf der Sprachbox Ihre eigene Stimme hört und nicht eine unpersönliche Standardansage, gesprochen von einer anonymen und unbekannten Person.

Deshalb empfehle ich Ihnen, Ihre Sprachbox immer persönlich zu besprechen. Aber richtig! Wichtig ist, dass der Text nicht zu lang ist und Ihre Stimme sympathisch, freundlich und positiv klingt. Meist hört man heute aber immer noch Ansagen, die viel zu lang sind: *„Hier spricht der Anrufbeantworter von Hans Muster, Firma Metallbau AG. Leider bin ich zur Zeit telefonisch nicht erreichbar. Sie haben aber die Möglichkeit, nach dem Signalton eine Nachricht zu hinterlassen. Bitte nennen Sie Namen, Firma und Telefonnummer. Ich werde Sie so schnell wie möglich zurückrufen."*

Klingt doch eigentlich gar nicht so schlecht – oder nicht? Mir gefällt diese Ansage aber nicht wirklich. Der Text ist viel zu lang. Mit einem guten Sprechtempo (nicht zu schnell, nicht zu langsam) gesprochen, brauche ich dafür rund 20 Sekunden! Das ist ganz allgemein und speziell für gewisse Kundentypen zu lange. Wissen Sie noch aus dem letzten Kapitel, welcher Typ damit am meisten Mühe hat und wahrscheinlich schon nach ein bis zwei Sekunden auflegt? Natürlich der Rote!

Dass Sie nicht persönlich abnehmen, sondern der Anrufbeantworter (oder eben die Sprachbox), musste man in den Anfangsjahren der Mobiltelefonie noch erwähnen. Heute kennt das jeder bestens. Und wenn die Sprachbox kommt, weiß man auch, dass Sie telefonisch momentan nicht zu erreichen sind. Dass der Anrufende seine Nummer aufsprechen muss, ist auch nicht mehr nötig. Die Telefonnummer wird ja automatisch angezeigt. Sie sehen: Viele Aussagen in der Ansage sind unnötig.

Die Sprachbox könnte viel einfacher und prägnanter zum Beispiel so besprochen werden:

„Firma Metallbau, Hans Muster. Bitte hinterlassen Sie mir eine Nachricht. Danke!"

Dieser Text braucht (von mir gesprochen) nur noch 5,8 Sekunden. Aus meiner Sicht reicht dies völlig.

Wichtig ist, dass Ihre Stimme auf der Sprachbox wirklich positiv und sympathisch rüberkommt. Deshalb nehmen Sie sich die nötige Zeit, machen Sie mehrere Versuche, bis Sie zufrieden sind. Gut wäre, wenn Sie das Ergebnis einer andere Person vorspielen und sich so eine neutrale Bewertung einholen. Denken Sie immer daran: Es muss nicht Ihnen gefallen, sondern den anderen.

Vertrauen aufbauen, Bezug herstellen

Kommen wir zum Telefonburger zurück. Wir sind immer noch beim Einstieg. Nach der Begrüßung sollten Sie (bevor Sie zur Sache kommen) zuerst Vertrauen aufbauen beziehungsweise den Bezug herstellen. Am einfachsten geht das, indem Sie sogenannte Ja-Fragen stellen (also Fragen, die in der Regel mit Ja beantworten werden), zum Beispiel:

V: *Sie sind der Verkaufsleiter der Firma XY – ist das richtig?*
K: *Ja.*
V: *Und damit auch verantwortlich für die Weiterentwicklung des Verkaufs?*
K: *Das ist richtig.*

Viele, die zum ersten Mal von diesen Ja-Fragen hören, sind skeptisch und der Meinung, dass das gar nicht viel bringe und überflüssig sei. Aus meiner eigenen Akquisitionstätigkeit und unzähligen Telefoncoachings kann ich bestätigen, dass dieser Einstieg sehr entscheidend ist und wirklich hilft, Vertrauen aufzubauen. Ich bin immer wieder überrascht, wie sich damit die Gesprächsatmosphäre deutlich verbessert und der Angerufene sich anfängt zu öffnen. Damit haben wir das Fundament geschaffen (eben das untere Brötchen des Telefonburgers), um zur Sache (zum Fleisch) zu kommen.

Statt Ja-Fragen spricht Saxer (2000) von „unbestreitbaren Wirklichkeiten". Eben Fragen oder Aussagen, die zutreffen und mit einer Bejahung bestätigt werden. Zum Beispiel auch Sätze wie „Spreche ich mit Hans Beispiel persönlich?" oder „Frau Muster hat mir gesagt, dass Sie der zuständige Beispielsleiter sind, ist das richtig?" (Saxer 2000: 59).

Natürlich dürfen Sie es mit den Ja-Fragen auch nicht übertreiben. Meine Erfahrungen decken sich mit den Empfehlungen von Umberto Saxer. Es genügen ein bis drei Ja-Fragen völlig, maximal vier (Saxer 2000: 59).

Interesse wecken, Stand klären

Nach dem Einstieg geht es in der zweiten Phase des Telefonburgers darum, Interesse (für unser Anliegen) zu wecken beziehungsweise den Stand zu klären. Beim obigen Beispiel könnte man (wie ich als Anbieter von Verkaufstrainings und -coachings) etwa wie folgt Interesse wecken:

V: *Wie interessant wäre für Sie, eine neuartige Methode kennenzulernen, mit welcher Ihre Verkäufer nachhaltig mehr Verkaufserfolg erzielen können?*

Dieser Interessewecker ist eigentlich auch schon wieder eine Ja-Frage. Auf diese Fragen haben Kunden deshalb auch schon geantwortet mit:

K: *Wer kann denn hier schon Nein sagen!*

Wenn Sie auf den Interessewecker das Ja bekommen, gehen Sie sofort zur Abschlussphase des Telefonburgers und schlagen einen Termin vor:

V: *Diese Methode stelle ich Ihnen gerne vor. Geht es für Sie am nächsten Dienstag um 11.00 Uhr oder am Freitag um 13.30 Uhr?*

Klar sagt nicht jeder Kunde sofort Ja. Aber je besser und passender der Interessewecker ist, umso größer wird die Erfolgsquote sein (denken Sie daran: Verkaufen ist ein Quotengeschäft!). Selbstverständlich kann es jetzt noch Einwände (beziehungsweise Vorwände oder ganz allgemein Widerstände) beim potenziellen Kunden geben. Diese Einwände müssen Sie (beziehungsweise werden Sie beim Akquirieren) kennen(-lernen) und sich überlegen, wie Sie mit diesen umgehen können (mehr dazu im nächsten Abschnitt).

Bleiben wir noch etwas beim zweiten Teil des Telefonburgers. Es gibt sehr viele Möglichkeiten und Formulierungen, wie Sie für Ihre Angebote und Leistungen Interesse wecken können. Überlegen Sie sich dazu, was Ihre Spezialitäten oder besonderen Leistungen sind, die Sie anbieten, und/oder was genau der Nutzen ist, wenn der Kunde Ihre Leistungen in Anspruch nimmt.

Typische Interessewecker haben folgenden Aufbau:

1. Wie interessant ist es für Sie ...
2. Wie wichtig ist Ihnen ...
3. Was würden Sie sagen, wenn Sie ...
4. Für Sie kenne ich eine gute Möglichkeit ... . Ist das interessant für Sie?
5. Nur mal angenommen es gäbe die Möglichkeit ... . Wäre das ein Thema für Sie?
6. Was halten Sie von der Idee ...
7. Wenn Sie X könnten, ist dann ...

Versuchen Sie, verschiedene Interessewecker zu formulieren. Nehmen Sie die Satzkonstruktionen, die Ihnen am besten zusagen, und ergänzen Sie diese mit Ihren spezifischen Angeboten beziehungsweise den Kundennutzen. Ein Interessewecker darf natürlich in der Formulierung nicht zu lang sein (in der Kürze liegt die Würze!). Probieren Sie Ihre Varianten aus. Dann werden Sie herausfinden, mit welchen Formulierungen Sie die besten Erfolgsquoten erzielen.

Wichtig ist, dass Sie nicht gleich beim ersten Versuch aufgeben. Damit Sie Quoten berechnen können, braucht es mehr als eine Anwendung. Wenn ein Interessewecker für Sie (und idealerweise auch für eine kompetente Bezugsperson oder Ihren Coach) Sinn macht, dann sollten Sie circa zehn Versuche machen, bevor Sie ein abschließendes Urteil fällen.

Statt mit Interessewecker können Sie beim zweiten Schritt des Telefonburgers auch ganz einfach den Stand klären und damit in die Situations- und Kundenanalyse einsteigen. Zum Beispiel bezogen auf mein Beispiel nach folgendem Muster:

V: *Sie sind der Verkaufsleiter der Firma XY – ist das richtig?*
K: *Ja.*
V: *Und damit auch verantwortlich für die Weiterentwicklung des Verkaufs?*
K: *Man sagt es.*
V: *Wie beurteilen Sie die Verkaufskompetenzen Ihrer Verkäufer?*
K: *Oh – da gibt es natürlich ein großes Gefälle.*
V: *Wie meinen Sie das?* (Superfrage, wenn Ihnen nichts Besseres einfällt!)
K: *Wir haben insgesamt zwölf Verkäufer im Außendienst. Zwei davon sind wirklich sehr gut, Top-Verkäufer. Die anderen sind eher durchschnittlich und holen zu wenig in Ihrem Verkaufsgebiet.*
V: *Und wo sind die Hauptschwächen und Defizite?*
K: *Halt das Übliche: zu wenig Kontakte, Angst vor dem Preis beziehungsweise zu viel über den Preis verkaufen.*
V: *Damit ich beurteilen kann, wie wir in dieser Situation eine Weiterentwicklung am besten schaffen, bräuchte ich noch etwas konkretere Informationen. Am besten wir setzen uns kurz zusammen. Geht es bei Ihnen am nächsten Dienstag um 11.00 Uhr oder am Freitag um 13.30 Uhr?*

Mit diesem Beispiel möchte ich nur das Prinzip deutlich machen. Durch geschicktes und flexibles Fragen können Sie herausfinden, was der Stand ist und wo gegebenenfalls Potenzial und eine Verkaufschance besteht. Und sobald Sie diese erkannt haben, gehen Sie sofort zum Terminvorschlag, also zum Abschluss.

Diese Methode klingt für viele zu einfach, aber sie funktioniert wirklich. Wichtig ist wieder, dass Sie den Einstieg richtig gemacht haben (positive, freundliche, motivierte, sympathische Stimme, Vertrauen aufbauen), damit sich der Kunde auf das Gespräch einlässt und öffnet. Natürlich müssen Sie auch die richtigen Fragen stellen (fragen ist wichtiger als sagen!). Und dann zum passenden Zeitpunkt (wenn der Kunde Interesse zeigt beziehungsweise andeutet) sofort einen Termin vorschlagen und ja nicht versuchen, Ihr Produkt (beziehungsweise Ihr Angebot) am Telefon zu erklären und zu verkaufen!

Zu viel reden und zu stark in die Details gehen ist aus meiner Erfahrung einer der größten Fehler bei der Telefonakquisition. Wenn wir wissen, dass wir unsere Produkte und Leistungen am Telefon nicht direkt verkaufen können, sondern zuerst ein persönliches Verkaufs- und Beratungsgespräch nötig ist, müssen wir immer an folgenden Grundsatz denken:

Merke

Am Telefon verkaufe ich nur den Termin (und nicht das Produkt oder die Firma)!

Klar gibt es auch Branchen, Bereiche oder Produkte, bei welchen ein Telefonverkauf (also das Verkaufen direkt am Telefon ohne persönlichen Direktkontakt) möglich ist. Hier gelten eigentlich all die Überlegungen und Grundsätze, die wir in diesem Buch behandeln, sinngemäß auch. Jetzt schlägt man zum Abschluss statt eines Termins direkt einen Kauf vor.

Trotz Einwänden zum Termin

Wie gesagt: Nicht immer kommen Sie so einfach zu einem Termin. Bei der Telefonakquisition kann es eine Vielzahl von Einwänden und Widerständen geben, mit welchen der Angerufene abblockt und eine Terminvereinbarung vermeiden will. Wenn Sie mit den wichtigsten Widerständen geschickt umgehen können, werden Sie über die Einwandbehandlung als Zusatzschritt Ihr Termingespräch erfolgreich abschließen können.

Ein gefährlicher Stolperstein ist, wenn der Kunde mehr wissen will. Dies klingt nicht nach einem Einwand oder Widerstand. Ist es auch nicht. Sondern Interesse, also ein Kaufsignal. Aber jetzt gilt wie oben bei der Gesprächsführung vor Ort auch am Telefon:

Merke
Kaufsignale des Kunden müssen erkannt und sofort genutzt werden!

Beim Telefonburger heißt dies, dass Sie sofort zum Abschluss gehen und einen Termin vorschlagen. Bezogen auf mein eigenes Beispiel etwa so:

V: *Wie interessant wäre für Sie, eine neuartige Methode kennenzulernen, mit welcher Ihre Verkäufer nachhaltig mehr Verkaufserfolg erzielen können?*

K: *Was für eine Methode bieten Sie denn an?*

V: *Diese Methode am Telefon zu erläutern ist sehr schwierig. Viel einfacher und schneller wäre es, wenn ich Ihnen das in einem persönlichen Gespräch darstelle und anhand von Beispielen zeige (Luft holen, ganz kleine Pause): Wann passt es Ihnen besser: Am nächsten Dienstag um 11.00 Uhr oder lieber am Freitag um 13.30 Uhr?*

Nutzen Sie also Interessensfragen des Kunden, um sofort zum Abschluss zu gehen. Und vermeiden Sie tunlichst, dass Sie in die Details gehen und Ihre Produkte am Telefon erklären beziehungsweise verkaufen wollen.

Nochmals
Am Telefon verkaufe ich nur Eines: den Termin!

Im Skript oben habe ich noch „Luft holen" eingefügt. Damit entsteht eine ganz kleine (natürliche) Pause, welche der Kunde nutzen kann (und wird), wenn er noch nicht für eine Terminvereinbarung bereit ist. Wenn er diese Pause nicht nutzt, reden Sie (wie oben beschrieben) weiter und nennen den Terminvorschlag. Ich bin sicher, jetzt werden Sie (mit einer hohen Erfolgsquote) einen Termin vereinbaren können.

Ein häufiger Einwand (oder besser Widerstand) am Telefon ist „keine Zeit". Auch hier gibt es je nach Situation verschiedene Varianten, wie Sie reagieren können. Wiederum bezogen auf mein eigenes Beispiel (als Trainer und Coach) etwa so:

V: *Wie interessant wäre für Sie, eine neuartige Methode kennenzulernen, mit welcher Ihre Verkäufer nachhaltig mehr Verkaufserfolg erzielen können?*
K: *Oh – momentan ist das sehr ungünstig, ich habe gar keine Zeit!*
V: *Wie meinen Sie das?* (Die Superfrage funktioniert auch hier!)
K: *Wir sind mitten in einer Umstrukturierung des Verkaufs. Bevor wir neu aufgestellt sind, macht ein Treffen keinen Sinn.*
V: *Und wann meinen Sie, wird die Umstrukturierung abgeschlossen sein?*
K: *Das dauert sicher noch rund vier Monate.*
V: *Gut, dann melde ich mich in etwa vier Monaten, damit wir dann einen Termin vereinbaren können. Ist das gut so?*
K: *Ja, das ist gut so.*

V: *Sehr gut. Vielen Dank und bis dann alles Gute! Auf Wiederhören, Herr Kunde.*

Einen Termin zu vereinbaren ist nicht immer im ersten Telefonat sinnvoll und/oder möglich. Kein Problem. Dann fassen wir wie vereinbart nach und machen den Termin beim zweiten Mal. Und bei diesem zweiten Anlauf läuft der Telefonburger in der Kurzversion ab, nämlich etwa so:

V: *Guten Tag, Herr Kunde. Hier spricht Lukas Meierhofer.*
K: *Guten Tag, Herr Meierhofer.*
V: *Wir haben am ... (genaues Datum nennen) miteinander telefoniert und vereinbart, dass ich mich um diese Zeit wieder bei Ihnen melde. Wo stehen Sie mit der Umstrukturierung des Verkaufs?*
K: *Die haben wir soweit abgeschlossen. Seit dem ersten dieses Monats ist die neue Organisation in Kraft und unsere Verkaufsmannschaft wieder komplett.*
V: *Sehr gut, dann können wir uns jetzt zusammensetzen und gemeinsam prüfen, wie die Weiterentwicklung des Verkaufs sichergestellt werden kann. Passt es Ihnen am nächsten Dienstag um 11.00 Uhr oder am Freitag um 13.30 Uhr?*

Klar ist auch dieses Beispiel verkürzt und vereinfacht. Aber es geht hier nicht um Varianten und Details, sondern wieder nur um das Prinzip. Entscheidend ist, dass Sie nach dem Einstieg den Stand prüfen (hier in Bezug auf die Umstrukturierung) und dann sofort zum Abschluss gehen, indem Sie einen Termin vorschlagen.

Selbstverständlich gibt es den Einwand „keine Zeit" auch noch in anderen Formen. Hier ein Beispiel aus Sicht eines Verkäufers, welcher bauchemische Produkte an Platten- beziehungsweise Fliesenleger verkauft.

K: *Müller!*
V: *Firma Bauchemie AG, Hans Muster.*

K: *Guten Tag, Herr Muster.*

V: *Guten Tag, Herr Müller. Sie sind der Inhaber und Leiter der Firma XY – ist das richtig?*

K: *Ja, das stimmt. Um was geht es?*

V: *Wir haben interessante neue Produkte, die für Sie sehr interessant sein könnten. Und diese Innovationen möchte ich Ihnen gerne zeigen.*

K: *Oh – das ist sehr ungünstig, dafür habe ich jetzt wirklich keine Zeit!*

V: *Dann haben Sie momentan sehr viel zu tun?*

K: *Wir sind voll ausgelastet und haben Mühe, alle Baustellen fertigzustellen.*

V: *Das ist doch aber grundsätzlich gut, wenn Sie so viel zu tun haben – oder nicht?*

K: *Eigentlich schon – aber auch nicht immer so einfach.*

V: *Wann meinen Sie, sieht es zeitlich für Sie wieder besser aus?*

K: *Übernächste Woche sollte besser sein.*

V: *Sehr gut! Dann schauen wir doch in dieser Woche für einen Termin. Passt es Ihnen dort am Montag, 13.30 Uhr, oder besser am Mittwoch um 11.00 Uhr?*

Klar werden Sie auch bei diesem Beispiel den Termin für übernächste Woche nicht immer beim ersten Anruf vereinbaren können. Das könnte dann etwa so klingen:

K: *Einen Termin bereits jetzt für die übernächste Woche zu vereinbaren ist schwierig. Ich weiß doch noch gar nicht, wie diese Woche aussehen wird. Rufen Sie mich am Montag dieser Woche an.*

V: *Sehr gerne. Wann sind Sie montags telefonisch am besten zu erreichen?*

K: *Zwischen 8.30 und 9.00 Uhr wäre ideal. Dann sollte ich den Überblick über diese Woche haben.*

V: *Gut, dann melde ich mich an diesem Montag zwischen 8.30 und 9.00 Uhr, damit wir dann einen Termin vereinbaren können. Ist das gut so?*

K: *Ist gut.*

V: *Alles klar. Dann bis übernächste Woche, am Montag. Auf Wiederhören, Herr Müller.*

An diesem Montag müssen Sie dann pünktlich anrufen und den Telefonburger in der Expressversion anwenden. In diesem Fall können Sie unmittelbar nach dem Einstieg direkt zum Abschluss gehen:

K: *Müller!*
V: *Firma Bauchemie AG, Hans Muster.*
K: *Guten Tag, Herr Muster.*
V: *Guten Tag, Herr Müller. Wir haben am …* (genaues Datum nennen) *miteinander telefoniert und vereinbart, dass ich mich heute zwischen 8.30 und 9.00 Uhr wieder bei Ihnen melde, damit wir für diese Woche einen Termin vereinbaren können. Passt Ihnen der Mittwoch um 11.00 Uhr oder besser der Freitag um 13.30 Uhr?*

So einfach kann es gehen. Sie werden staunen, wie hoch Ihre Erfolgsquoten werden. Sie müssen es nur wagen und versuchen!

Neben der Zeit gibt es noch weitere typische Einwände, um Sie abzuwimmeln. Ein weiterer Klassiker ist „Wir brauchen nichts" beziehungsweise „kein Interesse" beziehungsweise „Wir sind bedient". Das könnte etwa beim letzten Beispiel nach dem Interessewecker so tönen:

V: *Wir haben interessante neue Produkte, die für Sie sehr interessant sein könnten. Und diese Innovationen möchte ich Ihnen gerne zeigen.*
K: *Da habe ich kein Interesse!*
V: *Wie meinen Sie das?* (ein weiterer Fall für die Superfrage!) oder *Aber als Plattenleger setzen Sie doch auch bauchemische Produkte wie Plattenkleber, Fugenmaterial etc. ein – oder nicht?*
K: *Wir haben bereits einen langjährigen Lieferanten und sind zufrieden.*
V: *Mit wem arbeiten Sie zusammen?*
K: *Mit der Firma Fliesentop.*

V: *Klar, verstehe – eine sehr bekannte und gute Firma. Wie gut kennen Sie eigentlich unsere Firma und Produkte?*

K: *Nicht wirklich. Der letzte Kontakt mit Ihrer Firma war wohl vor mehr als sechs Jahren.*

V: *Dann wäre es wirklich interessant für Sie, dass Sie unsere neuen Spezialitäten kennenlernen. Viele Kunden bestätigen uns, dass diese Systemprodukte wertvolle Problemlöser sind, die man sehr gut in Ergänzung zu Ihren heutigen Produkten einsetzen kann.*

K: *Welches Produkt wäre das zum Beispiel?*

V: *Ein sehr häufig eingesetztes Produkt ist zum Beispiel Bodentop ultra. Damit gewinnen Sie bei der Untergrundvorbereitung viel Zeit und können die Fliesen früher verlegen und den Auftrag wesentlich schneller abschließen.*

K: *Was für Zeiten sind da möglich?*

V: *Kommt ganz drauf an, da gibt es verschiedene Varianten. Am besten ist, wir setzen uns kurz zusammen, damit ich Ihnen das erläutern und zeigen kann. Passt Ihnen der Mittwoch um 11.00 Uhr oder besser der Freitag um 13.30 Uhr?*

Was halten Sie von diesem Beispiel? Könnte so funktionieren und müsste doch zumindest probiert werden – oder nicht? Auch hier gelten einmal mehr die bereits bekannten drei Hs:

drei Hs
Höfliche Hartnäckigkeit hilft!

Dies gilt auch für den nächsten Einwandklassiker der Telefonakquisition: „Schicken Sie mir Unterlagen!" Viele Verkäufer schicken jetzt die Unterlagen und fassen dann telefonisch nach. Hier besteht die Gefahr, dass Sie am Telefon abgewimmelt werden (bin noch nicht dazu gekommen, die Unterlagen zu prüfen) oder nicht mehr an die Zielperson herankommen (über die Assistentin wird ausgerichtet, dass kein Interesse besteht).

Eine andere Strategie von Verkäufern ist, dass sie die Unterlagen kalt (also ohne vereinbarten Gesprächstermin) persönlich vorbeibringen und auf ein Spontangespräch hoffen. Kann funktionieren, aber nicht sehr oft.

Wie könnten Sie am Telefon auf eine höfliche Art etwas hartnäckiger sein? Zum Beispiel in dieser Art:

K: *Was für Zeiten sind da möglich?*
V: *Kommt ganz drauf an, da gibt es verschiedene Varianten.*
K: *Schicken Sie mir Unterlagen.*
V: *Mach ich gern. Die Erfahrung zeigt allerdings, dass es für Sie viel einfacher und zeitsparender ist, wenn ich Ihnen das für Sie Wichtige kurz zeige und erläutere. Passt Ihnen der Mittwoch um 11.00 Uhr oder besser der Freitag um 13.30 Uhr?*

Wäre doch einen Versuch wert – oder nicht? Also: Geben Sie nicht zu schnell auf!

Abschlussphase des Telefonburgers

Der Abschluss beim Telefonburger ist der Termin beziehungsweise die Vereinbarung des weiteren Vorgehens. In Bezug auf die Terminvereinbarung ist es erfahrungsgemäß sehr wichtig, dass Sie den Termin vorschlagen und nicht danach fragen, zum Beispiel: „Wann haben Sie Zeit?". Bei dieser Frage wird sich der Kunde überlegen, wann er Zeit hat. Und oft merken, dass er viel zu viel um die Ohren hat, und wie folgt antworten: „Momentan bin ich voll zu und es ist zu viel los. Melden Sie sich doch in drei Monaten wieder."

Klar können Sie dann vielleicht nach drei Monaten beim nächsten Anruf zu einem Termin kommen. Aber Sie verlieren wertvolle Zeit und wenn Sie Pech haben, hat sich die Situation zu Ihren Ungunsten entwickelt, sodass dann erst recht kein Termin mehr möglich ist.

Wenn man vom Kunden einen Termin erfragen möchte, gibt es natürlich noch geschicktere Fragen. Zum Beispiel: „Wann würde es Ihnen in der nächsten Woche am besten passen?" Hier sind die Chancen, dass Sie einen Termin bekommen, etwas besser.

Aus der Verkaufspsychologie beziehungsweise der Abschlusstechnik wissen wir aber, dass mit einem Alternativabschluss die höchsten Erfolgsquoten erzielt werden (siehe Abschnitt 3.6). Beim Telefonburger sollten Sie deshalb als Abschlussfrage immer zwei mögliche Termine vorschlagen: „Passt Ihnen der Mittwoch um 11.00 Uhr oder besser der Freitag um 13.30 Uhr?". Jetzt haben Sie große Chancen, dass der Kunde in seinen Terminkalender schaut. Und wenn es möglich ist, wird er Ihnen einen der beiden Termine geben.

Klar werden Ihre Terminvorschläge nicht immer passen. Dann könnte es wie folgt weitergehen:

V: *Passt Ihnen der Mittwoch um 11.00 Uhr oder besser der Freitag um 13.30 Uhr?*
K: (schaut nach) *Oh – diese Woche ist sehr ungünstig. Beide Termine gehen leider nicht.*
V: *Kein Problem. Wie sieht es dann in der nächsten Woche aus? Passt Ihnen der Dienstag, um 11.00 Uhr?*
K: *Sie haben Pech. Geht auch nicht.*
V: *Sie sind aber stark beschäftigt. Jetzt sind Sie dran. Wann würde es dann in dieser Woche gehen?*

Wenn Sie (nach mehreren Terminvorschlägen von Ihnen) merken, dass der Kunde wirklich in der Agenda nachschaut, können Sie beim dritten Anlauf ruhig nach einem Termin fragen. Die Kaufsignale des Kunden (in Bezug auf einen Termin) sind klar und offensichtlich!

In meinen Beispielen haben Sie gelesen, dass ich nicht nur den Tag (passt es Ihnen am Mittwoch oder besser am Freitag?) vorschlage, sondern immer den Wochentag plus genaue Uhrzeit. Wieso eigentlich?

Wenn Sie ein Top-Verkäufer werden wollen, müssen Sie mit Ihrer Zeit umgehen können. Denn es gilt:

Merke

Je mehr Kundenbesuche und -kontakte, umso größer der Erfolg!

Bei der Terminvereinbarung ist es deshalb wichtig, dass Sie die Termine so legen, dass es mit Ihrer Zeitplanung bestmöglich aufgeht.

Ich persönlich versuche Termine um 9.00 Uhr möglichst zu vermeiden. Meine Erstgespräche dauern zwischen 60 bis 90 Minuten. Als Puffer und für die Fahrtzeiten gehe ich im Schnitt von 60 Minuten aus. Ein Termin um 9.00 Uhr würde deshalb für mich bedeuten, dass ich am Vormittag nur einen Termin machen kann! Deshalb schlage ich als Termin gerne 11.00 Uhr vor. Dann ist die Chance, dass wir bereits um 12.00 Uhr fertig sind, sehr groß. Bei einem Termin um 11.00 Uhr (10.30 Uhr würde in meiner Situation auch noch gehen), kann ich problemlos (und ohne Stress) am Vormittag noch einen zweiten Termin vereinbaren, zum Beispiel um 08.00 Uhr.

Klar können diese Zeiten je nach Branche und Produkten ganz unterschiedlich sein. Wichtig ist jedoch, dass Sie in Bezug auf Ihre Gespräche herausfinden, wie Sie die Termine zeitlich legen und steuern müssen, damit Sie Ihre Zeit bestmöglich nutzen können.

Es wird immer wieder Situationen geben, wo Sie auf einen für Ihr Zeitmanagement ungünstigen Termin eingehen müssen. Wenn dieser Termin für Sie wichtig und wirklich nur dieses Treffen (innerhalb einer angemessenen Frist) möglich ist, dann nutzen Sie diese Chance. Denn es gilt auch hier: ***Keine Regel ohne Ausnahme. Und die Ausnahme bestätigt die Regel!***

Wenn Sie die Initiative übernehmen und die Termine selbst vorschlagen, vereinfachen Sie nicht nur die Terminvereinbarung, sondern Sie positionieren sich von Anfang an als Siegertyp, was Ihren persönlichen Verkaufserfolg fördert:

Denn
Kunden kaufen lieber von Siegertypen!

Diesen Aspekt hat Altmann (2006) betont und deshalb folgenden Titel für sein Verkaufsbuch gewählt: Kunden kaufen nur von Siegern! Mit dem „nur" ist dieser Satz vielleicht zu absolut.

Gewisse Verkäufer haben mit der Empfehlung, als Siegertyp aufzutreten, ihre liebe Mühe. „Mit einem solchen Verhalten eckt man doch an. Das ist viel zu arrogant und überheblich!" Diese Befürchtung ist berechtigt, aber nicht zwangsläufig richtig. Nur durch das Vorschlagen eines Termins sind Sie noch lange nicht arrogant und überheblich. Wie wir schon mehrmals betont haben, ist auch hier nicht was Sie sagen (oder tun) entscheidend, sondern das Wie. In Bezug auf die Stimme und das Auftreten sind Sie natürlich freundlich, respektvoll, positiv – eben sympathisch.

Im Kapitel 3 haben wir den roten Kundentypen kennengelernt. Ein Merkmal ist, dass er die Gesprächsführung beansprucht und selbst entscheiden will. Deshalb sind manche Verkäufer fälschlicherweise der Meinung, dass es bei diesem Kundentyp anders ablaufen muss. Also nicht selbst einen Termin vorschlagen, sondern nach dem Termin fragen. Vergessen wird jedoch, dass es gerade Rote lieben, wenn alles möglichst konkret, klar, kurz und bündig abläuft (ja keine unnötige Zeitverschwendung). Wenn Sie zwei Termine vorschlagen, hat er (die von ihm geliebten) Alternativen und kann selbst entscheiden. Sollten beide Termine nicht passen, wird er in der Regel sofort einen Gegenvorschlag machen.

Deshalb
Ich schlage dem Kunden den Termin vor!

4.3 Es gibt nichts Gutes, außer man tut es

Das Zitat von Erich Kästner gilt auch für eine erfolgreiche Terminvereinbarung am Telefon. Wenn Sie Ihre Erfolgsquoten bei der Telefonakquisition steigern wollen, brauchen Sie vor allem zwei Dinge: einen guten Leitfaden und die richtige Einstellung.

Erstellen Sie sich Ihren persönlichen Leitfaden

Schreiben Sie in einem Leitfaden wortwörtlich auf, wie Sie sich melden und vorstellen, welche Interessewecker Sie einsetzen wollen sowie mögliche Fragen, um den jeweiligen Stand zu klären. Auf die wichtigsten und typischen Einwände und Widerstände müssen Sie sich vorbereiten. Schreiben Sie auf, wie Sie dann reagieren und argumentieren.

Die wichtigsten Sätze und Formulierungen des Telefonburgers müssen Sie beherrschen. Der Leitfaden dient Ihnen als Gedankenstütze (wenn Sie sich vielleicht einmal in einem Gespräch verlieren) und zur Kontrolle. Nach jedem Telefonat können Sie überprüfen, was funktioniert hat, und wenn nötig Verfeinerungen anbringen.

Ein Leitfaden bringt Ihnen große Vorteile. Sie müssen sich Vorgehen und Formulierungen nicht jedes Mal neu überlegen, können sich somit voll auf den Kunden konzentrieren (also gut hinhören und wahrnehmen!). So werden Sie je nach Kundenreaktion richtig und geschickt reagieren. In dieser

Beziehung bleibt Ihre Flexibilität, Kreativität und Schlagfertigkeit nach wie vor sehr wichtig und notwendig.

Ihre Einstellung ist entscheidend

Der Leitfaden für die Telefonakquisition ist das eine, die richtige Einstellung das andere.

Merke

Das Wichtigste am Telefon ist meine Stimme! Und meine Stimmung macht meine Stimme!

Viele Verkäufer wissen, dass die eigene Stimmung und Stimme bei der Telefonakquise (Terminvereinbarung, Objektbearbeitung oder Nachfassen) sehr wichtig ist. Oft wird eine gefährliche Schlussfolgerung gezogen: „Wenn ich merke, dass ich schlecht drauf bin, rufe ich besser gar nicht an und verschiebe es auf später."

Sicher kann das in Extremsituationen (wenn gar nichts mehr geht) richtig sein. Aber es sollte die Ausnahme sein! Machen Sie es sich nicht zu einfach, verschieben Sie die Akquisitionstelefonate nicht dauernd. Versuchen Sie sich selbst zu motivieren, den inneren Schweinehund zu überwinden. Wenn Sie das erste Akquisitionstelefonat machen, werden Sie merken, dass es (meistens) durchaus positiv abläuft. Nach dem ersten Telefonat sind Sie drin. Deshalb empfiehlt es sich, in der Wochenplanung zeitlich klar fixierte Akquisitionsblöcke einzuplanen. Machen Sie nicht nur ein einzelnes Akquisitionstelefon (und dann wieder etwas anderes), sondern immer gleich mehrere Telefonate hintereinander.

Ein alter und guter Trick ist, dass Sie das erste Telefonat in Ihrem Akquisitionsblock mit einem Kunden machen, den Sie bereits kennen oder bei dem Sie wissen, dass Sie gute Erfolgschancen haben. Das erleichtert Ihnen den

Einstieg in den Akquisitionsblock. Und dann können Sie so richtig loslegen und durchstarten.

Wichtig ist, dass Sie blockierende Stimmungen nicht einfach hinnehmen, sondern versuchen, Gegensteuer zu geben, um in einen positiven Zustand zu kommen. Somit schließt sich der Kreis auch in diesem Kapitel. Bereits einleitend haben wir uns bewusst gemacht, wie wichtig die Gedanken sind. Ihre Einstellung beziehungsweise Gedanken, die Sie bewusst oder unbewusst bei der Telefonakquise haben, werden sich in Ihrer Stimmung und damit in Ihrer Stimme ausdrücken. Gedanken haben eine enorme Macht. Sie aber haben die Macht, Ihre Gedanken und damit Ihren Gemütszustand zu steuern.

Deshalb gilt
Ich bringe mich durch meine Gedanken in eine gute Stimmung!

Was heißt das konkret? Machen Sie sich mögliche Denkblockaden bewusst und setzen Sie sich damit auseinander (siehe Abschnitt 4.1). Denken Sie an die Kunden, welche sehr zufrieden sind und gerne mit Ihnen (und Ihrer Firma) zusammenarbeiten. Wichtig sind hier speziell auch die Kunden, die erst aufgrund Ihrer Akquisitionstätigkeit gekauft haben. Bei der Terminvereinbarung waren diese vielleicht auch eher zurückhaltend oder skeptisch, aber begeistert, seitdem sie die Produkte einsetzen und nutzen. Kundenaussagen wie „Zum Glück haben Sie mich auf das Produkt Bodentop ultra aufmerksam gemacht. Dieses Produkt bringt wirklich viel und macht alles viel einfacher und schneller" oder „Das System ist wirklich super und hat viele Vorteile. Schade, dass ich nicht bereits früher damit gearbeitet habe!" sollten Sie sich abspeichern. Und immer dann wieder ins Bewusstsein holen, wenn Sie etwas missmutig und widerwillig ans Telefon gehen, um zu akquirieren!

Ihre Stimmung und damit Ihre Wirkung am Telefon können Sie auch noch in anderer Form positiv beeinflussen.

Merke
Mit meinem Körper verbessere ich die Wirkung meiner Stimme!

Wie geht das? Ganz einfach: Achten Sie auf eine aufrechte, gute Körperhaltung. Die beste Wirkung am Telefon haben Sie erfahrungsgemäß, wenn Sie stehen. Im Stehen sind Sie auch wesentlich konzentrierter und aufmerksamer.

Deshalb
Schwierige Telefonate führe ich immer im Stehen!

Das wissen viele (und nicht nur Verkäufer) meist ganz unbewusst. Das kann mit ein Grund sein, wieso das Mobiltelefon so beliebt ist und so rege benutzt wird. Viele Verkäufer telefonieren lieber mit dem Handy. Sie können umhergehen, was sich positiv auf die Stimmung und Stimme auswirkt.

Trotzdem hat ein Festnetz seine Vorteile. Die Verbindungsqualität ist besser und stabiler, die Gebühren geringer. Damit Sie eine ähnliche Bequemlichkeit und Wirkung wie mit dem Handy haben, brauchen Sie einfach ein kabelloses Telefon, noch besser ein kabelloses Headset. Dann können Sie beim Telefonieren stehen beziehungsweise umhergehen und sogar noch beide Hände nutzen.

Wer sich an ein kabelloses Headset gewöhnt hat, will nichts mehr anderes. Auch beim Handy empfehle ich Ihnen ein Headset. Bei modernen Mobiltelefonen können Sie ein Headset via Bluetooth verbinden. Es gibt heute Headsets, die im Auto eine bessere Sprachqualität erreichen als eine eingebaute Freisprechanlage! Wichtig ist, dass Sie beim Handy ein Headset wählen, bei welchem das Mikrofon an einem speziellen Bügel angebracht ist, den Sie nahe vor Ihrem Mund platzieren können. Kunden, die mich angerufen und unterwegs im Auto erreicht haben, waren ganz erstaunt, als sie realisierten, dass ich am Fahren war: „Ach so – du bist unterwegs. Ich habe gedacht, du seist im Büro – die Verbindung ist perfekt – man hört gar keine Fahrgeräusche."

Beim Telefonieren sollten Sie neben der Haltung und Gestik noch auf einen weiteren zentralen Aspekt achten:

Merke
Auch bei schwierigen Telefonaten lächle ich!

Wenn es Ihnen gut geht und Sie in einer guten Stimmung sind, haben Sie das berühmte Lächeln im Gesicht. Sollten Sie sich einmal nicht so gut fühlen beziehungsweise ungute Gefühle vor einem Telefonat haben, dann empfehlen Ihnen Motivationsexperten: Zwingen Sie sich zu einem Lächeln, lächeln Sie ganz bewusst, bevor Sie die Verbindung wählen beziehungsweise bevor der Kunde das Telefon abnimmt und Sie sich melden. Die Erfahrung zeigt, dass Ihre Stimme dann wesentlich sympathischer und positiver klingt, als es aufgrund Ihrer momentanen Befindlichkeit zu erwarten wäre. Damit haben Sie einen guten Einstieg sichergestellt (der erste Eindruck ist der wichtigste!) und die besten Chancen, dass der Kunde positiv reagiert und sich ein gutes Gespräch entwickelt. Dann ist Ihre Motivation und Stimmung kein Thema mehr. Sie haben es geschafft!

Was machen Sie, wenn Sie nach Überwindung Ihrer eher schlechten Stimmung beziehungsweise des innerlichen Schweinehundes ein positives Akquisitionstelefonat geführt haben? Natürlich gleich das nächste! Ein Motivationshoch sollten Sie sofort ausnutzen und weitermachen.

Ein Motivationshoch kann sich auch durch ein Erfolgserlebnis ergeben. Zum Beispiel haben Sie die Zusage für einen besonders wichtigen Auftrag erhalten. Oder Ihre Monatszahlen sind sehr gut und Sie wissen, dass Sie auf Erfolgskurs sind. Solche Momente sollten Sie ebenfalls sofort für besonders schwierige und anspruchsvolle Akquisitionstelefonate nutzen. Nicht umsonst sagt man: ***Erfolg macht sexy!***

Wenn Sie im Erfolgshoch sind, haben Sie die gewisse Ausstrahlung und Wirkung, die im Direktkontakt, aber auch am Telefon rüberkommt und auf Kunden anziehend beziehungsweise faszinierend wirkt. Sie sind im positiven Sinne motiviert und selbstbewusst (also nicht arrogant!), schlagfertig und geschickt und können auch einige Erfolgsbeispiele und -geschichten von begeisterten Kunden erzählen beziehungsweise andeuten. Damit machen Sie den Neukunden neugierig und interessiert. Aber Achtung: nur neugierig machen und sofort einen Termin vereinbaren! Weitere gute Merksätze, welche die Bedeutung des Erfolgs aufzeigen, sind:

Merke

Es gibt nichts Motivierenderes als Erfolg! Erfolg zieht Erfolg nach sich!

Leider gilt auch der Umkehrschluss: Es gibt nichts Demotivierenderes als Misserfolg! Deshalb ist es wichtig, dass Sie nach Absagen und Niederlagen weitermachen und so schnell wie möglich das nächste Erfolgserlebnis haben. So können Sie Misserfolge relativieren gemäß dem bekannten Grundsatz: Verkaufen ist ein Quotengeschäft!

Hundertprozentigen Erfolg gibt es auch bei der Telefonakquise nicht. Aber je mehr Telefonate Sie führen, umso größer wird Ihr Erfolg. Und nur mit vielen Versuchen haben Sie die Erfahrungswerte, um Ihre persönliche Erfolgsquote zu berechnen. Deshalb: ***Bei Absagen telefoniere ich einfach weiter und gebe dem Gesetz der großen Zahl eine Chance!***

Deshalb

Die Neins sind die Pflastersteine auf dem Weg zum nächsten Ja!

Aber Achtung: Denken Sie nicht nur schwarz-weiß. Bei der Neukundengewinnung geht es nicht nur um den Termin, sondern auch um Informationen (wer ist verantwortlich, was ist der Stand, was ist geplant und vorgesehen, wie groß ist das Potenzial, aktuelle Objekte etc.). Informationen zu bekommen, ist bereits ein Erfolg! In gewissen Fällen kann es sogar besser sein, dass Sie keinen Termin mit dem (potenziellen) Kunden vereinbaren. Zum Beispiel wenn das Potenzial viel zu klein beziehungsweise uninteressant ist (Geschäft ist am Auslaufen/Firma macht Spezialarbeiten, welche für Sie wenig Verkaufschancen bieten/Kunde kauft nur über den Preis zu minimalsten Margen etc.).

Denken Sie deshalb bei der Telefonakquise immer daran (Saxer 2000: 215): „Im Verkauf geht es nicht nur darum, dass Sie jedem etwas verkaufen, sondern dass Sie denen etwas verkaufen, die zu Ihnen passen, und dass Sie dies möglichst schnell und treffsicher herausfinden."

Nicht immer ist eine Terminvereinbarung beim ersten Anruf sinnvoll (Umstrukturierung läuft, Verantwortlichkeit wechselt, Großobjekt noch nicht spruchreif, wichtige Entscheidung noch ausstehend etc.). Dann fassen Sie lieber nach und machen den Termin beim nächsten Anruf!

In Bezug auf Ihre persönliche Motivation ist es wichtig, dass Sie den Erfolg bei der Telefonakquise richtig definieren. Es zählen nicht nur die Anzahl Termine, die Sie bei einem Akquisitionsblock erreicht haben, sondern auch alle Telefonate, bei denen Sie genügend Informationen erhalten haben, um das für Sie vorhandene Verkaufspotenzial und das weitere Vorgehen bestimmen zu können.

Zusammenfassung

1. Wenn ich einen Termin will und brauche, ist meine Grundhaltung am Telefon entscheidend: Ich verkaufe nur den Termin und nicht das Produkt oder die Firma!
2. Den Gesprächspartner möglichst schnell zu Wort kommen lassen und aktiv beteiligen (Begrüßung abwarten, Ja-Fragen stellen)!
3. Kurze und prägnante Formulierungen verwenden und nicht langfädig werden!
4. Auf die wichtigsten und typischen Einwände muss ich mich vorbereiten, damit ich schlagfertig und geschickt reagiere.
5. Den Termin immer selber vorschlagen (am besten zwei mögliche Termine zur Auswahl vorgeben)!
6. Das Wichtigste am Telefon ist meine Stimme. Und meine Stimmung macht meine Stimme. Deshalb bringe ich mich durch meine Gedanken und mit meinem Körper (Haltung und Lächeln!) in eine gute Stimmung!
7. Beim Telefonieren geht es nicht nur um den Termin. Zuerst wollen wir Informationen (wer ist verantwortlich, was ist der Stand, was ist geplant und vorgesehen etc.). Informationen zu bekommen ist bereits ein Erfolg!
8. Nicht immer ist ein Termin bereits heute sinnvoll. Dann fassen wir (wie abgemacht) nach und machen den Termin beim zweiten Mal!
9. 100 Prozent gibt es im Verkauf und beim Telefonieren nicht. Aber je mehr Telefonate, desto mehr Erfolg. Deshalb: Bei Absagen einfach weitertelefonieren und dem Gesetz der großen Zahl eine Chance geben!

5.
Wirksamkeit im Verkaufsprozess: Anfänger schreiben Angebote, Profis fassen nach

Nachfassen ist im Verkauf eine sehr wichtige Tätigkeit, speziell auch im Bereich des Angebotsmanagements. Während oft ein ungeheurer Aufwand betrieben wird, um überhaupt an Kunden zu kommen und ein Angebot abgeben zu können, wird das Nachfassen bei vielen Firmen und Verkäufern sträflich vernachlässigt. Und damit bleiben Chancen ungenutzt, um aus der Anfrage und dem Angebot auch einen Auftrag zu machen.

Haben Sie auch schon ein Angebot eingeholt oder Unterlagen bestellt und nie mehr von dieser Firma gehört? Ich selbst habe einmal bei einer Firma über das Internet ein Angebot angefragt. Das Angebot in Höhe von rund 800 Euro wurde mir umgehend zugestellt. Das Produkt hat mir gefallen, die Beschaffung war aber nicht dringend. Einige Zeit später bin ich dann zufällig auf einen anderen Lieferanten aufmerksam geworden. Hier kam ein persönlicher Kontakt zustande. Da mir das Produkt und der Verkäufer zusagten, habe ich bestellt. Nach vier Monaten (also rund fünf Monate nach Angebotserstellung) bekam ich von der ersten Firma dann doch noch einen Nachfassanruf. Die Sache war aber schon längst gelaufen, ich konnte mich an die Firma und das Angebot kaum mehr erinnern. Dieses verspätete Nachfasstelefonat war weder sinnvoll noch nützlich – eher schon peinlich und sehr unprofessionell. Wenn schon nachfassen, dann rechtzeitig!

Viele Kundenanfragen sind weniger klar, als manche im Verkauf meinen. Nicht selten braucht ein Kunde ein (oder mehrere) Angebot(e), um seinen Bedarf und Lösungsmöglichkeiten richtig erkennen und konkretisieren zu können. Auch in diesen Situationen ist es entscheidend, dass sich ein Anbieter rechtzeitig meldet und nachfasst.

Das Nachfassen der Angebote ist im Verkaufsprozess sehr wichtig. Mit dem Nachfassen

- zeigen wir Interesse,
- können wir den Kundenbedarf konkretisieren und den Kunden besser beraten,
- sollen aktuelle Verkaufschancen genutzt werden,

- zeigen wir Professionalität und Zuverlässigkeit,
- haben wir eine Chance, die Kundenbeziehung aufzubauen beziehungsweise zu vertiefen,
- bekommen wir wertvolle und wichtige Informationen,
- wollen wir ernten (Beratung und Angebot war ja nur die Saat) und damit
- den verdienten Lohn für den geleisteten Aufwand holen.

Die Erfahrung zeigt, dass sich ein systematisches und konsequentes Nachfassen lohnt. Mit der Angebotsverfolgung kann die Angebotserfolgsquote um über 20 Prozent gesteigert werden!

Nachfassen bringt sehr viel. Wieso wird nicht konsequenter nachgefasst? Viele Mitarbeiter im Verkauf empfinden das Nachfassen als lästig. Oft höre ich auch: „Wir haben keine Zeit nachzufassen." Auf meine Nachfrage wird dann präzisiert: „Wir haben keine Zeit nachzufassen, weil wir so viele Angebote erstellen müssen." Wäre es da nicht sinnvoller, weniger (also selektiver) Angebote zu erstellen und diese konsequenter nachzufassen?

Das Nachfassen erfolgt sehr oft per Telefon. In Bezug auf Grundsätze und Vorgehen gibt es sehr viele Parallelen zum vorherigen Kapitel (Terminvereinbarung am Telefon). Hier möchte ich auf die Besonderheiten eingehen und Ihnen aufzeigen, wie genau Sie am erfolgreichsten nachfassen. Dabei werde ich mich auf das Nachfassen von Angeboten (in der Schweiz oft als Offerten bezeichnet) konzentrieren. Die im Folgenden aufgezeigten Grundsätze und Techniken können sinngemäß auch auf andere Nachfassarten übertragen werden (zum Beispiel auf das Nachfassen von Mailings, Anfragen, Objekten etc.).

5.1 Timing beim Nachfassen – Wer zu spät kommt, den bestraft das Leben

Beim Nachfassen von Angeboten gilt ein wichtiger Grundsatz:

Merke
Lieber zu früh als zu spät!

Wenn Sie ein persönliches Verkaufs- und Beratungsgespräch geführt haben, sollten Sie wissen, wie die Zeitachse (in Bezug auf Entscheidung und Ausführung) in etwa aussieht. Wenn der Kunde ein Detailangebot will und braucht, fragen Sie ihn, bis wann er das Angebot braucht. Wenn das Zeitfenster für Sie reicht, stimmen Sie zu. Wenn die Zeit für die Erstellung zu knapp ist, vereinbaren Sie einen späteren Termin. Dieser Termin sollte auf der (für Sie und Ihre Firma) sicheren Seite liegen, damit Sie das Angebot möglichst etwas früher als vom Kunden erwartet liefern können. Dann melden Sie sich telefonisch, um seine Reaktion zu erfahren und das weitere Vorgehen festzulegen. Auch wenn der Entscheidungspunkt vielleicht erst in einigen Wochen ansteht, sollten Sie sich bereits einige Tage nach Versand des Angebotes melden.

Kunden richten ihre Anfrage oft direkt (per E-Mail, Fax oder Telefon) an die Firma. Der Innendienst wird ihm dann so schnell wie möglich ein Angebot zustellen. Wenn Sie als Außendienst dieses Angebot zum Nachfassen erhalten und nicht genau wissen, wie dringend der Bedarf ist, sollten Sie sich umgehend bei diesem Kunden melden. Am besten bereits am selben oder spätestens am nächsten Tag. Vielleicht braucht er das Material sehr schnell. Durch das Nachfassen bekommen Sie alle nötigen Informationen, zeigen Professionalität und Interesse und Sie sind am Ball. Nur so können Sie vermeiden, dass es beim Nachfassen heißt: „Wir haben die Ware bereits bei einem anderen Lieferanten bestellt.“

5.2 Der Telefonburger beim Nachfassen

Für das Nachfassen am Telefon empfehle ich Ihnen als Leitfaden den Telefonburger, welchen wir bereits für die Terminvereinbarung verwendet haben. Der erste Teil (das Fundament oder die Grundlage für das Telefongespräch) ist wiederum der Einstieg. Zuerst geht es um die gegenseitige Begrüßung. Hier gelten die gleichen Grundsätze und Empfehlungen wie beim Termingespräch.

Nach der Begrüßung soll Vertrauen aufgebaut und der Bezug hergestellt werden. Auch beim Angebotsnachfassen bewähren sich die Ja-Fragen, welche entsprechend anders formuliert werden müssen:

V: *Wir haben Ihnen am …* (Datum nennen) *ein Angebot zugestellt. Es geht um … und … Haben Sie das Angebot erhalten?*
K: *Ja.*

Teilnehmer haben mir schon entgegnet, dass die Frage „Haben Sie das Angebot erhalten?“ doof sei. Das Angebot komme doch immer an, der Kunde würde sich durch diese Frage wie vorgeführt vorkommen. Nach meinen Erfahrungen sind solche Bedenken absolut unbegründet. Beim ersten Nachfassen ist es völlig logisch und begründet, zu fragen, ob alles geklappt hat. Denn es kann immer wieder einmal etwas schieflaufen. Aus unzähligen (Hunderten) begleiteten Nachfasstelefonaten kann ich bestätigen, dass diese Frage noch von keinem Kunden als doof empfunden wurde.

Warnen möchte ich vor einer zweiten (aber oft angewendeten) Ja-Frage nach folgendem Muster:
- Haben Sie das Angebot schon angeschaut? Oder:
- Haben Sie das Angebot schon geprüft? Oder:
- Konnten Sie das Angebot schon besprechen?

Solche Ja-Fragen sind ungeschickt. Damit machen Sie es dem Kunden einfach, der Sie abwimmeln will. Er muss einfach nur Nein sagen!

Nach dem Einstieg kommt beim Telefonburger der zweite Teil. Hier geht es darum, den Stand und das Interesse des Kunden bezüglich unseres Angebotes herauszufinden. Also bildlich gesprochen um das Kernanliegen unseres Nachfasstelefonats, also das „Fleisch" des Telefonburgers (oder eben um die Wurst). Wie findet man dies heraus? Welche Fragen kann man hier stellen?

Im Verlauf unzähliger Telefoncoachings habe ich beim Nachfassen eine Vielzahl von (unguten) Gewohnheiten kennengelernt. Um das Interesse des Kunden am Angebot zu klären, fragen viele Mitarbeiter (sowohl Außen- wie Innendienst): Wie sieht es aus? Oder: Wo stehen wir? Bei diesen Fragen weiß jeder Kunde, dass es jetzt um den Preis geht. Und die Preisdiskussion ist voll im Gang.

Noch schlimmer (und selbst von erfahrenen Außendienstmitarbeitern gehört) sind Fragen wie: Haben Sie die Angebote schon verglichen? Oder: Wo stehen wir preislich? Oder: Sind wir bei den Preisen dabei? Oder: Haben wir gut gerechnet? Ein weiterer wichtiger Grundsatz beim Nachfassen von Angeboten ist:

Merke

Ich rede weder direkt noch indirekt über den Preis!

Selbstverständlich wissen wir, dass der Preis wichtig ist. Dies müssen wir bei der Angebotserstellung berücksichtigen und mit konkurrenzfähigen Preisen rechnen. Deshalb sind wir überzeugt, dass unser Angebot für den Kunden korrekt und interessant ist. Also müssen wir nicht (direkt oder indirekt) über den Preis reden. Wenn der Preis ein Thema ist, muss der Kunde damit anfangen!

Wie klärt man beim Nachfassen den Stand und das Interesse des Kunden, ohne (direkt oder indirekt) die Preisdiskussion zu lancieren? Dies kann je nach Branche unterschiedlich erfolgen. Im Bauhandel haben sich beispielsweise zwei Fragen bewährt:

V: *Wann kommt der Auftrag zur Ausführung?* und/oder noch direkter: *Wann brauchen Sie das Material?*

Mit diesen Fragen nach dem Zeitpunkt des Bedarfs können wir einfach und geschickt herausfinden, ob der Kunde den Auftrag bereits erhalten hat oder nur für die Erstellung eines eigenen Angebotes angefragt hat. Dies ist bei Anfragen nicht immer ganz klar beziehungsweise wird oft zu wenig genau geklärt. Wenn der Kunde angefragt hat, um selbst ein Angebot erstellen zu können, wird er auf unsere Frage nach dem Zeitpunkt des Bedarfs etwa so antworten:

K: *Ich habe das Ganze dem Kunden zuerst anbieten müssen.*
V: *Ach so – Sie haben also angefragt, um für den Kunden ein Angebot berechnen zu können?*
K: *Ja genau.*
V: *Bis wann meinen Sie, wissen Sie mehr, ob der Auftrag kommt oder nicht?*
K: *Ende der nächsten Woche sollte ich mehr wissen.*
V: *Dann melde ich mich Ende nächster Woche wieder – ist das gut so?*
K: *Ist gut.*

Kein Nachfasstelefon ohne Prüfung eines Zusatzbedarfes

Bei Kunden, die regelmäßig anfragen und/oder bestellen, sollten Sie in der Abschlussphase des Nachfasstelefonates immer noch einen Schritt weitergehen. Zum Beispiel so:

V: *Haben Sie sonst noch einen Bedarf?* Oder: *Kann ich sonst noch etwas für Sie tun*? Oder: *Haben Sie sonst noch etwas?*

Hauptziel des Telefonates ist zwar das Nachfassen Ihres Angebotes. Wenn Sie den Kunden aber schon am Telefon haben, ist es logisch und natürlich, dass Sie klären, ob er sonst noch etwas braucht beziehungsweise ob Sie ihn noch in einer anderen Angelegenheit unterstützen können. In der Praxis arbeiten aber nur wenige Mitarbeiter (sowohl im Innen- als auch im Außendienst) mit dieser Frage. Wenn ich ehrlich bin: Mir ging es genauso!

Vor Jahren bekam ich bei einem Kunden den Auftrag, die Mitarbeiter im Innen- und Außendienst in Bezug auf das Thema „Angebote nachfassen" zu schulen und zu unterstützen. In meinem ersten Leitfaden war keine Frage in Bezug auf einen Zusatzbedarf eingebaut. Nach dem Training habe ich alle Teilnehmer im Rahmen von Einzelcoachings bei Live-Nachfasstelefonaten am Arbeitsplatz begleitet. Bereits nach dem dritten Telefonat passierte Folgendes: Da der Kunde selbst noch in der Angebotsphase war und den Auftrag noch nicht bekommen hatte, haben wir vereinbart, dass wir uns in zwei Wochen wieder melden werden. Der Mitarbeiter wollte sich schon verabschieden, aber der Kunde unterbrach:

K: *Halt, halt. Jetzt habe ich noch etwas!*

Jetzt fiel es mir wie Schuppen von den Augen. Und ab sofort habe ich alle Mitarbeiter angehalten, dass Sie in der Schlussphase jedes Telefonates die Frage nach einem weiteren Bedarf stellen. Die Reaktionen der Kunden auf diese Fragen waren durchgängig positiv. Viele Kunden hatten noch eine Frage oder ein Anliegen. Oder sie gaben uns Informationen über Anfragen, die noch kommen würden. Auch wenn der Kunde nichts Konkretes hatte, lohnte sich die Frage. Typische Reaktionen waren etwa:

K: (zögert und denkt nach) *Nein, im Moment habe ich nichts, was noch ansteht. Ich werde mich bei Bedarf wieder bei Ihnen melden.* Oder: *So weit ist eigentlich alles klar – aber gut, dass Sie gefragt haben.* Oder: *Ich bin gerade am Zusammenstellen eines Auszuges. Ich werde Ihnen diesen morgen durchgeben, damit Sie mir ein weiteres Angebot rechnen können.*

Nachfasstelefonate können natürlich auch für gezielte Zusatzverkäufe genutzt werden. Händler arbeiten oft mit Aktionen. Zum Beispiel werden alle zwei Monate, teilweise sogar monatlich, Sonderangebote per Newsletter angekündigt. Zum Abschluss des Nachfasstelefonates könnten Sie jetzt auch noch fragen:

V: *Haben Sie unseren Newsletter bekommen?*
K: *Ja – ist letzte Woche eingetroffen.*
V: *Wir haben wieder interessante und attraktive Angebote. Von welchen wollen Sie profitieren?*

Die Erfahrung zeigt, dass nicht alle Kunden diese Sonderangebote wirklich prüfen (Zeit und Stress lassen grüßen). Deshalb bekommt man von Kunden oft die Antwort, dass er noch nicht dazu gekommen sei. Je besser Sie den Kunden und die Branche kennen, umso mehr können Sie dann direkt auf die Angebote aufmerksam machen, welche den Kunden interessieren sollten. Und so können Sie tatsächlich auch mit einem Nachfasstelefonat Zusatzverkäufe erzielen.

Merke

Zusatzverkäufe sind möglich. Nicht immer – aber öfter, als viele denken!

Haben Sie den Mut beziehungsweise die Disziplin, Zusatzverkäufe konsequent anzusprechen. Wenn der Kunde tatsächlich etwas braucht, ist er froh und dankbar, dass Sie ihn auf dieses Sonderangebot aufmerksam machen.

Wenn Sie ein Nein bekommen, ist das kein Problem. Mit etwas Erfahrung, Schlagfertigkeit und Spontanität reagieren Sie bei Absagen geschickt, sodass es den Kunde nicht nervt, sondern er das Ganze positiv erlebt. Damit haben Sie einen weiteren Beitrag zur Stärkung der Kundenbindung geleistet!

Zu früh: Wie weiter?

Wenn Sie den Merksatz ***Lieber zu früh als zu spät!*** konsequent anwenden, werden Sie am Telefon oft hören, dass sich der Kunde noch nicht entschieden hat. Was nun?

Viele Verkäufer stellen jetzt die Frage, wann sie sich wieder melden sollen. Damit ist das Telefongespräch zu Ende. Finden Sie das gut? Ich nicht. Gibt es überhaupt Alternativen zu diesem typischen Vorgehen? Eine ganze Menge, dank geschickter Fragen. Zum Beispiel so:

K: *Sie sind zu früh. Wir haben uns noch nicht entschieden!*
V: *Wie meinen Sie das?* (die Superfrage geht auch hier!) *oder In Bezug auf was haben Sie sich noch nicht entschieden? oder Aus welchem Grund haben Sie sich noch nicht entschieden?*

Mit diesen Fragen bringen Sie den Kunden zum Reden und Sie erhalten weitere Informationen. Es gibt viele Gründe, wieso der Kunde sich noch nicht entschieden hat. Vielleicht ganz einfach, weil der Kunde selbst in der Angebotsphase ist und den Auftrag noch nicht erhalten hat. Hier fragen Sie (siehe oben), bis wann er mit der Auftragserteilung rechnet. Sie können aber jetzt noch zusätzliche Fragen stellen, damit Sie ein besseres Bild der Situation bekommen. Zum Beispiel:

V: *Wie groß sind Ihre Chancen, dass Sie den Auftrag erhalten?* und/oder *Und Ihr Angebot haben Sie aufgrund unseres Angebotes kalkuliert?* oder *Wenn Sie den Auftrag erhalten, kommen wir dann ins Geschäft?*

Aufgrund der erhaltenen Antworten können Sie abschätzen, wie groß Ihre Verkaufschancen sind. Wenn der Kunde Ihnen sagt, dass er bei Ihnen bestellen wird, sieht es gut aus. Ansonsten finden Sie heraus, warum nicht. Und haben vielleicht die Möglichkeit, Ihr Angebot zu überarbeiten, damit Sie doch noch zum Zuge kommen. Ohne zusätzliche Abklärungen hätten Sie sonst beim nächsten Nachfasstelefonat wahrscheinlich hören müssen, dass der Kunde bereits bei einem anderen Lieferanten bestellt hat. Und Sie wären ganz einfach zu spät gewesen!

Was lehren uns diese Überlegungen?

Einmal mehr

Höfliche Hartnäckigkeit hilft!

Diese höfliche Hartnäckigkeit ist vor allem bei den Kunden wichtig, welche Sie nicht richtig kennen. Oder bei Kunden, welche bei Ihnen nur Vergleichsangebote einholen und beim Hauptlieferanten bestellen. In diesem Falle könnten Sie vielleicht wie folgt weiterverfahren:

V: *Wenn Sie den Auftrag erhalten, kommen wir dann ins Geschäft?*
K: *Das kann ich noch nicht sagen.*
V: *Wie meinen Sie das?* (einmal mehr die Superfrage!)
K: *Kommt darauf an, wie Sie preislich stehen.*
V: *Und wo stehen wir jetzt?*
K: *Sie sind im Rennen. Sobald ich den Auftrag habe, werde ich aber noch Angebote einholen.*
V: *Gut. Dann hoffe ich natürlich, dass Sie den Auftrag erhalten. Wenn ich nichts von Ihnen höre, werde ich mich Ende nächste Woche melden. Ist das gut so?*
K: *Ja, ist gut!*
V: *Kann ich sonst noch etwas für Sie tun?*
K: *Nein, momentan steht nichts Weiteres an.*
V: *Gut – also dann bis nächste Woche!*

Was erreichen Sie mit einem solchen Vorgehen? So bekommen Sie vom Kunden das Versprechen, dass er noch ein Abgebot bei Ihnen einholt. Früher hat er bei Auftragserhalt seinen Hauptlieferanten angerufen, noch einen Preisnachlass herausgeholt (vielleicht basierend auf Ihrem Angebot!) und dann gleich bestellt. Ihnen hat er beim Nachfassen mitgeteilt, dass Sie doch zu teuer waren.

Wenn Sie jetzt die Anfrage bezüglich Abgebot beziehungsweise Nachtragsangebot erhalten, sollten Sie sofort versuchen, per Telefon einen Besuchstermin zu vereinbaren. Zum Beispiel so:

V: *Vielen Dank für Ihre Anfrage. Sie haben also den Auftrag erhalten?*
K: *Ja.*
V: *Sehr gut. Bis wann brauchen Sie das Material?*
K: *Wir werden übernächste Woche mit der Produktion beginnen. Das Material sollte also spätestens Ende nächster Woche bei uns eintreffen.*
V: *Gegenüber der ersten Anfrage hat es offenbar keine Änderungen gegeben. Sie brauchen also immer noch die gleichen Materialien und Mengen?*
K: *Ja, das ist richtig. Der Kunde hat sich von unserem Vorschlag überzeugen lassen, wir können wie geplant und kalkuliert liefern.*
V: *Sehr schön. Sie haben mir im letzten Telefonat gesagt, dass Sie noch weitere Angebote einholen werden. Wie viele holen Sie denn jetzt ein?*
K: *Es sind nur noch zwei im Rennen. Also Sie und ein zweiter Anbieter.*
V: *Und der andere Anbieter wird Ihr Hauptlieferant sein, die Firma Top AG. Ist das richtig?*
K: *Ja, das stimmt.*
V: *Und Sie haben mir gesagt, dass Sie sich aufgrund der Preise entscheiden werden.*
K: *Genau.*
V: *Aber abgesehen vom Preis – gibt es denn noch andere Kriterien, die für Sie in Bezug auf den Lieferanten wichtig sind?*

K: *Klar – aber in dieser Beziehung sind Sie und der andere Lieferant gleichwertig.*

V: *Dann entscheidet jetzt alleine der Preis?*

K: *Ja, so ist das!*

V: *Bis wann wollen Sie entscheiden?*

K: *Aufgrund der Lieferzeiten bis Ende dieser Woche.*

V: *Sehr gut, das reicht für meine Abklärungen. Am Freitag dieser Woche könnte ich um 14.00 Uhr bei Ihnen sein. Ist das gut so?*

K: *Und das Nachtragsangebot?*

V: *Das bringe ich dann selbstverständlich gleich mit.*

K: *Mir wäre es aber lieber, wenn Sie dieses vorgängig schicken würden.*

V: *Sie haben mir ja gesagt, dass der Preis entscheidend ist. Ich werde jetzt natürlich noch verschiedene Varianten prüfen, um eine Preissenkung zu erzielen. Diese Varianten alle zu Papier zu bringen, ist viel zu kompliziert und verwirrend. Viel einfacher, wenn wir das vor Ort besprechen. Freitag, 14.00 Uhr – sind Sie da im Büro?*

Was halten Sie von diesem Vorgehen? Es könnte doch funktionieren – oder nicht? Selbstverständlich nicht immer, aber vielleicht öfter, als Sie denken. Um das herauszufinden, müssen Sie es einfach probieren!

Wenn der Kunde sich weigert, Ihnen einen Termin zu geben und auf das schriftliche Angebot besteht, könnten Sie zum Beispiel so weitermachen:

V: *Wieso wollen Sie mir keinen persönlichen Termin geben?*

K: *Ich habe so viel zu tun, die Zeit ist für mich ein großes Problem.*

V: *Klar haben Sie viel zu tun. Sieht bei mir aber sehr ähnlich aus. Und wenn wir wirklich einmal miteinander ins Geschäft kommen wollen, dann müssen wir uns die nötige Zeit dazu ganz einfach nehmen.*

K: *Sie wissen doch, dass wir bereits einen Hauptlieferanten haben. Und mit dem sind wir sehr zufrieden.*

V: *Heißt das, dass Sie gar keinen zweiten Lieferanten wollen?*

K: *Nicht wirklich. Es ist für uns viel einfacher, wenn wir mit möglichst wenigen Lieferanten zusammenarbeiten.*

V: *Wieso haben Sie dann überhaupt bei uns angefragt?*

K: *Wir brauchen natürlich Vergleichsangebote. Unser internes Qualitätsmanagement-System schreibt sogar zwingend vor, dass wir bei größeren Aufträgen mindestens drei Angebote einholen.*

V: *Ach so. Dann haben wir Ihnen mit unseren Angeboten aber doch auch einen Dienst erwiesen – oder nicht?*

K: *Kann man so sehen.*

V: *Das machen wir gerne für Sie. Jedes Angebot bedeutet aber viel Arbeit für uns. Vom Anbieten allein können wir jedoch nicht leben. Dann wäre es nichts als fair, wenn Sie uns ab und zu auch einen Auftrag geben würden.*

Jetzt haben Sie es auf den Punkt gebracht. Wenn der Kunde weitere Angebote von Ihrer Firma einholen will, dann muss er Ihnen auch einmal etwas geben. Und die laufende Anfrage wäre doch eine gute Gelegenheit. Jetzt sollten Sie den Besuchstermin bekommen oder zumindest ein zeitlich klar vereinbartes Telefongespräch am Freitag. Und die Spielregeln müssten nun klar sein: Bei Preisgleichheit können Sie liefern! Wenn der Kunde aber gar nicht bereit ist, Ihnen ab und zu einen Auftrag zu geben, gibt es auch keinen Grund mehr, zukünftig weitere Angebote anzufragen beziehungsweise zu erstellen. Damit können Sie und Ihre Firma wertvolle Zeit gewinnen und für die Kunden nutzen, die mit Ihnen zusammenarbeiten wollen.

Von Teilnehmern in meinen Verkaufstrainings habe ich in Bezug auf dieses Vorgehen skeptische Reaktionen erhalten: „Ein solches Verhalten ist doch frech. Das kann man doch nicht machen!“ Solche Befürchtungen sind aus meiner Sicht unbegründet. Die Tatsache, dass Sie den Mut haben, eine Situation klar anzusprechen und auf den Punkt zu bringen, hat nichts mit frech, auch nicht mit arrogant oder unhöflich zu tun. Denn wie wir ja bereits wissen, gilt immer: „Nicht was, sondern wie wir es sagen, entscheidet!“

In diesem Zusammenhang möchte ich aus dem sogenannten Harvard-Konzept (Fisher et al. 2004) einen wichtigen Grundsatz der Verhandlungstechnik zitieren, der auch hier sehr zutreffend ist:

Merke
Hart in der Sache, aber weich gegenüber dem Menschen!

Dieser Grundsatz ist gar nicht so neu. Vom Jesuiten Claudio Aquaviva (1543 bis 1615) stammt das Motto „Foriter in re, suaviter in modo" was übersetzt heißt „Stark in der Sache, mild in der Art!"

Bezogen auf das Nachfassen am Telefon passt hier hervorragend ein ganz ähnlicher Satz von Karl Marx. In einem Brief an Engels schrieb er am 4.11.1864: Nötig war:

Merke
Hart in der Sache, weich im Ton!

Deshalb: Haben Sie den Mut, eine Situation klar anzusprechen!

Eine wichtige und für viele Verkäufer beim Nachfassen ungeliebte Antwort des Kunden ist auch:

K: *Wir sind noch nicht so weit. Wir werden uns bei Ihnen melden!*

Viele Verkäufer meinen jetzt, dass Sie nichts mehr machen können und einfach warten müssen, bis sich der Kunde meldet (was selten bis nie der Fall sein wird). Es gibt aber auch in dieser Situation noch viele Möglichkeiten. Zum Beispiel können Sie die Antwort des Kunden in einer höflichen und interessierten Art hinterfragen:

V: *Womit sind Sie noch nicht so weit?* und *Bis wann, meinen Sie, werden Sie soweit sein?*

Beide Fragen sind absolut logisch und natürlich. Der Kunde wird Ihnen (nicht immer, aber mit einer sehr hohen Erfolgsquote) antworten. Damit bekommen Sie Informationen und Sie bleiben im Gespräch! Je nach Antwort geht es dann in dieser oder in einer anderen Richtung weiter (siehe oben).

So holen Sie den Auftrag

Kommen wir zu der Situation, wo der Kunde das Material demnächst braucht. Damit ist klar, dass er den Auftrag hat und kurz vor der Bestellung steht. Jetzt gehen wir natürlich und sachlich zum Abschluss. Diesen leiten wir ein, indem wir zuerst den Termin präzisieren lassen und die Materialien nochmals überprüfen. Und dann gehen wir direkt zur finalen Abschlussfrage. Am besten (weil die höchsten Erfolgsquoten versprechend) in Form eines Alternativabschlusses. Das könnte am Telefon wie folgt klingen:

V: *Wann brauchen Sie das Material?*
K: *Nächste Woche.*
V: *Anfang oder Ende der Woche?*
K: *Wenn ich die Ware bis Freitag habe, reicht das.*
V: *Bleibt es bei den Materialien und Mengen gemäß Angebot oder kommt noch etwas dazu?*
K: *Es hat keine Änderungen gegeben, wir brauchen das Material wie angeboten.*
V: *Alles klar – warten Sie, ich schaue gleich nach.*
Sehr gut. Die Ware ist bei uns am Lager verfügbar. Soll ich das Material am Freitag nächster Woche anliefern oder lieber bereits etwas früher?

Das Ganze sieht so einfach aus, dass oft viele (vor allem junge beziehungsweise unsichere) Verkäufer ganz ungläubig sind: „So einfach geht es doch nicht. Der Preis wird immer ein Thema sein, bevor wir den Abschluss machen können!"

Doch – so einfach kann es gehen. Voraussetzung ist, dass wir ein faires und konkurrenzfähiges Angebot gemacht haben, was die Regel sein sollte. Wie wir bereits oben betont haben, müssen und dürfen wir in diesem Falle nie (weder direkt noch indirekt) den Preis ansprechen. Sonst wittert der Kunde seine Chance und will einen besseren Preis herausholen.

Wenn Ihr Angebot (deutlich) zu teuer wäre, würden Sie beim Nachfassen nicht sehr weit kommen (sicher nie bis in die Abschlussphase des Telefonburgers), ohne dass der Kunde den Preis anspricht. Oft wird der Preis bereits beim Einstieg des Nachfasstelefonates zum Thema, zum Beispiel so:

V: *Wir haben Ihnen am ... (Datum nennen) ein Angebot zugestellt. Es geht um .... und ... Haben Sie das Angebot erhalten?*
K: *Ja, aber Sie sind viel zu teuer!*

Wenn der Kunde sich auf Ihren Telefonburger einlässt und in der Abschlussphase alle Fragen in Bezug auf die Präzisierung des Termins und der Menge (ohne selbst den Preis anzusprechen) beantwortet, haben Sie wirklich sehr gute Karten. Jetzt müssen Sie nur noch elegant die finale Abschlussfrage stellen. So einfach!

Im Handel gibt es weitere mögliche Alternativabschlussfragen:

V: *Soll ich die Ware in Ihr Magazin liefern oder direkt auf die Baustelle?* oder: *Sollen wir Ihnen die Ware liefern oder holen Sie bei uns ab?* oder: *Soll ich bei der Bestellung eine Kommission vermerken oder haben Sie eine Bestellnummer?*

Zur Vermeidung von Preisdiskussionen ist aus meiner Sicht beim Telefonburger die Interessensfrage sehr entscheidend. In anderen Branchen ist die bisher verwendete Frage (Wann brauchen Sie das Material?) möglicherweise nicht sinnvoll. Bei komplexen Angeboten wie zum Beispiel im Anlagebau ist das erste Angebot meist eine Basis für weitere Abklärungen, Varianten und Gespräche. Hier könnte man im ersten Nachfasstelefonat nach dem Einstieg ganz einfach die Frage stellen:

V: *Wie beurteilen Sie unser Angebot?*

Jetzt wird sich in der Regel ein Gespräch entwickeln, aus dem der Stand und das weitere Vorgehen hervorgehen.

Selbstverständlich wird es auch mit den bisherigen Grundsätzen und Empfehlungen beim Nachfassen zu Preisgesprächen kommen. Aber nicht ständig, sondern nur, wenn die Preisdifferenzen erheblich sind. Jetzt ist es wichtig, dass Sie sich geschickt verhalten und über eine gute Argumentations- und Verhandlungstechnik verfügen.

Zu teuer! Was nun?

In Bezug auf den Preis haben Sie eine Vielzahl von Möglichkeiten, wie Sie Ihr Angebot verteidigen können. Leider gibt es aber in dieser Beziehung keine einfachen Rezepte, die immer und quasi von alleine funktionieren. Auch Sie müssen je nach Situation sowie aufgrund Ihrer Persönlichkeit und Ihrer Erfahrungen den oder besser die Weg(e) finden, wie Sie zu einer möglichst hohen Erfolgsquote kommen. Ein Vollerfolg wäre, wenn Sie den Auftrag holen, ohne einen Nachlass zu geben. Wenn Sie mehr herausholen, als der Mitbewerber verlangt, also nicht auf einen so tiefen Preis einsteigen müssen und trotzdem zum Abschluss kommen, ist das (zumindest) ein (Teil-)Erfolg. Wichtig: Probieren Sie alle Möglichkeiten und Ansatzpunkte aus, kämpfen Sie um jeden Prozentsatz, sammeln Sie Erfahrungen, lernen Sie aus Erfolgen und Misserfolgen. Es lohnt sich!

Vielen Verkäufern ist nicht bewusst, wie wichtig die Preisverteidigung ist, um einen Preisnachlass zu vermeiden beziehungsweise so minimal wie möglich zu halten. Beim Verhandeln der Preise meinen viele Verkäufer (bewusst oder unbewusst), dass zum Beispiel 5 Prozent Rabatt gar nicht so schlimm ist: „Wenn der Kunde einen Preisnachlass von 5 Prozent fordert, verliert man doch nur 5 Prozent vom Umsatz. So erziele ich immer noch 95 Prozent vom Verkaufsvolumen!"

Es stimmt: Bei 5 Prozent Rabatt geht der Umsatz „nur" um 5 Prozent zurück. Der verbleibende Margenbetrag in Euro, also der absolute Deckungsbeitrag als Differenz von Umsatz abzüglich Produktkosten, reduziert sich jedoch um ein Mehrfaches! Neben den Herstell- beziehungsweise Gestehungskosten der verkauften Produkte fallen in einer Unternehmung noch weitere Kosten an, die mit dem erzielten Deckungsbeitrag finanziert werden müssen. Diese Kosten sind meistens fix, das heißt sie verändern sich praktisch nicht mit mehr oder weniger Umsatz. Typische Fixkosten sind zum Beispiel die Löhne der Mitarbeiter im Verkauf, Marketing und Administration, aber auch die Kosten der Liegenschaften, IT und Kommunikation etc.

Die sogenannte Hebelwirkung der Rabatte kann je nach Ausgangsbasis sehr hoch sein. Wenn die Marge bei den offerierten Preisen 50 Prozent beträgt, würde ein Rabatt von 5 Prozent die absolute Marge bereits um 10 Prozent reduzieren. Bei Kampfangeboten, wo die Preise vielleicht nur noch eine Marge von 20 Prozent zulassen, würde ein Preisnachlass von 5 Prozent die absolute Marge in Euro aber bereits um 25 Prozent reduzieren!

Noch brutaler wird es, wenn wir uns überlegen, um wie viel der Umsatz gesteigert werden müsste, damit wir in absoluten Zahlen (also in Euro) wieder gleich viel Deckungsbeitrag erwirtschaften können wie vor dem Nachlass. Dies zeigt die Tabelle auf der folgenden Seite.

Rabatt/ Nachlass	gegenwärtiger Deckungsbeitrag in % des Umsatzes							
	5%	10%	15%	20%	25%	30%	35%	40%
1%	25.0	11.1	7.1	5.3	4.2	3.4	2.9	2.6
2%	66.6	25.0	15.4	11.1	8.7	7.1	6.1	5.3
3%	150.0	42.8	25.0	17.6	13.6	11.1	9.4	8.1
4%	400.0	66.6	36.4	25.0	19.0	15.4	12.9	11.1
5%		100.0	50.0	33.3	25.0	20.0	16.7	14.3
6%		150.0	66.7	42.9	31.6	25.0	20.7	17.6
7%		233.3	87.5	53.8	38.9	30.4	25.0	21.2
8%		400.0	114.3	66.7	47.1	36.4	29.6	25.0
9%		1000.0	150.0	81.8	56.3	42.9	34.6	29.0
10%			200.0	100.0	66.7	50.0	40.0	33.3
11%			275.0	122.2	78.6	57.9	45.8	37.9
12%			400.0	150.0	92.3	66.7	52.2	42.9
13%			650.0	185.7	108.3	76.5	59.1	48.1
14%			1400.0	233.3	127.3	87.5	66.7	53.8
15%				300.0	150.0	100.0	75.0	60.0
16%				400.0	177.8	114.3	84.2	66.7
17%				566.7	212.5	130.8	94.4	73.9
18%				900.0	257.1	150.0	105.9	81.8
19%				1900.0	316.7	172.7	118.8	90.5
20%					400.0	200.0	133.3	100.0

Abbildung 10: Notwendige Umsatzsteigerung, um nach einem gewährten Zusatzrabatt wieder gleich viel Deckungsbeitrag (in absoluten Beträgen) wie vorher zu erwirtschaften

Bei einem aktuellen Deckungsbeitrag von 40 Prozent müsste bei einem Nachlass von 5 Prozent der Umsatz um 14,3 Prozent gesteigert werden, damit wir wieder gleich viel in der Kasse haben, um die Fixkosten zu finanzieren. Beträgt die Marge in der Ausgangslage nur 20 Prozent, müsste der Umsatz sogar um 33,3 Prozent (also ein Drittel) gesteigert werden!

Fazit

Bei Preisverhandlungen gebe ich nicht zu schnell nach. Ich kämpfe um jeden Prozentsatz!

Wenn Sie beim Nachfassen eines Angebotes am Telefon mit dem Preis (zu teuer!) konfrontiert werden, hängt Ihre Erfolgschance auch von Ihrer Vorarbeit ab: Je mehr Sie

- die zentralen Wünsche und Bedürfnisse des Kunden verstanden haben
- und eine für die Kundensituation passende Lösung anbieten sowie
- das Vertrauen des Kunden gewinnen und
- eine Beziehung aufbauen konnten,

desto größer werden Ihre Erfolgschancen sein.

Die Preisverteidigung steht und fällt mit Ihrer Einstellung: Sind Sie überzeugt vom Mehrwert und Nutzen Ihres Angebots oder gehen Sie davon aus, dass die Konkurrenz gleich gut oder (noch schlimmer) sogar besser ist?

Wichtig ist auch Ihre Argumentationsfähigkeit. Können Sie die Zusatznutzen Ihres Angebotes in Bezug auf die Kaufmotive und Bedürfnisse des Kunden überzeugend erläutern und darstellen? Die Grundlagen dazu finden Sie im Kapitel 2.

An dieser Stelle möchte ich Ihnen einige ergänzende Hinweise geben, wie Sie sich beim Nachfassen von Angeboten bei Preisdruck verhalten können. Diese Hinweise sind als Ideen und Ansatzpunkte zu verstehen, die oft kombiniert angewendet werden können. Für weitergehende Ausführungen zu diesem Thema empfehle ich Ihnen das Buch *Preisdruck? Na und!* von Kurt H. Thieme et al. (2012).

Anfangen möchte ich mit der Relativierung des Preiseinwandes (zu teuer!). Passen Sie auf:

Merke

Der Preis ist nicht immer ein Einwand, sondern häufig nur ein Vorwand!

Wenn der Preis ein Vorwand ist, nützt Ihnen eine Preissenkung nichts. Der Kunde kauft trotzdem nicht. Der Preis wurde einfach vorgeschoben. Hinter dem Preis verbirgt sich ein ganz anderer, viel wichtigerer Einwand gegen Ihr Angebot.

Für den Kunden kann es sehr einfach sein, zu sagen, dass Ihr Angebot zu teuer ist. Jetzt kapitulieren Sie vielleicht (und er ist Sie los) oder er erhält einen attraktiven Zusatzrabatt. Zum Gesprächsabschluss wird er Ihnen im zweiten Fall sagen, dass er Ihr besseres Angebot prüfen werde. Was wird aber meistens passieren? Er nutzt Ihren Nachlass, um bei dem von ihm bevorzugten Lieferanten einen besseren Preis herauszuholen! Wie kann man beim Nachfassen herausfinden, ob der Preis (Ihr Angebot ist zu teuer!) tatsächlich der entscheidende Einwand oder nur ein Vorwand ist? Wie im Verkaufsgespräch vor Ort gilt auch hier: durch entsprechende Fragen. Zum Beispiel so:

V: *Gibt es neben dem Preis noch weitere Gründe, die gegen unser Angebot sprechen?*

Wenn der Kunde jetzt weitere Gründe aufzählt, ist es klar. Der Preis war nur ein Vorwand. Wenn der Kunde mit Nein antwortet, empfiehlt sich noch eine weitere Testfrage:

V: *Angenommen, wir finden in Bezug auf den Preis eine Lösung, geben Sie mir dann den Auftrag?*

Wenn der Kunde jetzt auf diese Frage mit Nein oder ausweichend („Vielleicht" oder „Mal schauen") antwortet, handelt es sich um einen Vorwand. Jetzt haben Sie eine Vielzahl von Fragen, die Sie stellen können:

- Woran liegt es, dass Sie mir den Auftrag dann nicht geben können? oder
- Offenbar gibt es noch weitere Gründe. Welche sind das? oder
- Was lässt Sie zögern?

Und/oder:
- Was müsste erfüllt sein, damit Sie Ja sagen? oder
- Unter welchen Voraussetzungen würden Sie mir den Auftrag geben? oder
- Was könnte Sie zu einer Zusammenarbeit mit uns bewegen?

Je nach Antworten und Zusatzinformationen wird das weitere Vorgehen unterschiedlich aussehen. Aber das Telefongespräch geht weiter, Sie kommen den wahren Gründen immer näher, Sie sind noch im Rennen!

Wenn der Kunde auf Ihre Testfrage mit einem klaren Ja antwortet, wird der Preis kein Vorwand, sondern der entscheidende Einwand sein. Und jetzt müssen Sie herausfinden, wie das Konkurrenzangebot aussieht und ob er tatsächlich Äpfel mit Äpfeln oder Äpfel mit Birnen vergleicht. Mögliche Fragen sind zum Beispiel:
- Um wie viel sind wir teurer?
- Im Vergleich zu wem?
- Mit oder ohne Mehrwertsteuer?
- Bei welchen Positionen gibt es die größten Preisunterschiede?
- Handelt es sich bei … um den Artikel …?
- Bei der Position xxx: Welchen Preis hat der Mitbewerber eingesetzt?
- Wie sehen die Lieferkonditionen aus? Die Zahlungskonditionen?
- Haben Sie das Angebot gerade in der Nähe?

Sehr oft vergleichen Kunden Angebote nicht wirklich. Sondern schauen einfach auf die Zahl unten rechts, also auf den ausgewiesenen Gesamtpreis. Liefer- und Zahlungskonditionen werden oft übersehen, teilweise (zumindest in der Schweiz) sogar die Mehrwertsteuer (von heute 8 Prozent). Es kommt sogar vor, dass ein anderer Anbieter ein anderes Produkt gerechnet hat als angefragt, ohne dass der Kunde dies bemerkt. Eine Unsitte ist auch, dass gewisse Anbieter ihre Angebote versuchen positiver darzustellen, als sie tatsächlich sind. Bei umfangreichen Angeboten werden gewisse Positionen „übersehen“ und gar nicht (oder nur scheinbar) gerechnet. Dann sieht der Gesamtpreis natürlich besser (sprich niedriger) aus.

Durch die obigen Fragen können Sie am Telefon den Kunden verunsichern und ihn dazu bringen, dass er das Vergleichsangebot zur Hand nimmt. Jetzt ist ein direkter Vergleich möglich und Sie finden heraus, wo Ihr Angebot tatsächlich steht und ob Sie die Möglichkeit haben, eine Variante anzubieten.

Preise erfolgreich verteidigen

Beim Thema Preisverhandlungen möchte ich mich auf einige Grundsätze beschränken, die beim Nachfassen mit Erfolg eingesetzt werden können. Die folgenden Empfehlungen beziehen sich wieder auf den Bauhandel, können aber auch in anderen Branchen hilfreich sein. Ein erster wichtiger Grundsatz für Preisverhandlungen ist:

Merke
Preisdifferenzen versuche ich zu relativieren!

Bei kleinen Differenzen sprechen Sie von absoluten Beträgen, bei großen von Prozenten:

K: *Die Differenz beträgt rund 5 Prozent.*

V: *Das sind ja nur 75 Euro. Wichtig ist doch, dass Sie das Material rechtzeitig bekommen und dass alles klappt. Wann und wie genau muss das Material angeliefert werden?*

Beziehungsweise:

K: *Die Differenz beträgt 200 Euro.*
V: *Das sind rund 4 Prozent. Wie sehen die Zahlungskonditionen und Frachtkosten aus?*

Ein zweiter wichtiger Grundsatz bei Preisverhandlungen ist:

Merke
Ich lenke vom Preis ab und spreche andere Aspekte an!

Wenn Sie die Preisdifferenz kennen oder wissen, dass der Preis tatsächlich der Einwand ist, müssen Sie nicht immer auf diesen eingehen. Versuchen Sie vom Preis abzulenken und sprechen Sie andere Aspekte an, zum Beispiel bei einer Baumateriallieferung so:

V: *Bis wann genau brauchen Sie das Material? (wenn noch nicht gefragt)*
K: *Spätestens nächsten Montag.*
V: *Wohin soll das Material geliefert werden?*
K: *Direkt auf die Baustelle.*
V: *Soll das ganze Material in einer Sendung angeliefert werden oder wären für Sie Teillieferungen von Vorteil?*
K: *Eine Lieferung ist okay.*
V: *Muss die Lieferung eine spezielle Kennzeichnung oder Verpackung haben?*
K: *Braucht es nicht.*
V: *Und wo ist die Baustelle?*
K: *An der Bahnhofstraße in Mühledorf.*
V: *Wie sieht die Zufahrt am Abladeort aus? Gibt es hier spezielle Bedingungen zu beachten?*
K: *Nein – die Zufahrt ist auch für einen größeren LKW soweit problemlos möglich.*

V: *Sind Abladegeräte vorhanden oder sollen wir mit einem entsprechend ausgerüsteten Fahrzeug anliefern?*

K: *Gut wäre, wenn wir die Lieferung direkt auf das Dach heben könnten. Ein Kran ist jedoch nicht vorhanden.*

V: *Wie viele Stockwerke hat das Gebäude?*

K: *Drei Geschosse.*

V: *Dann sollte eigentlich ein 9-Meter-Auslegekran reichen, oder wäre ein 15-Meter-Kran besser?*

K: *15 m wäre besser. Der Lastwagen hat ja noch einen gewissen Abstand zum Gebäude.*

V: *Stimmt. Warten Sie, ich schaue nach. – Sehr gut. Am Montag habe ich zwar das Fahrzeug mit 15-Meter-Kran bereits im Einsatz, aber am Freitag davor haben wir noch eine Lücke. Ich könnte am Nachmittag um 15.00 Uhr anliefern. Geht das?*

K: *Ja, das würde passen.*

V: *Perfekt, dann passt ja alles. Welche Kommission soll ich auf dem Auftrag vermerken?*

Ob Sie es glauben oder nicht – dieses Vorgehen kann funktionieren. Sie müssen es einfach ausprobieren. Sollte der Kunde doch noch nach dem Preis fragen, versuchen Sie Folgendes:

K: *Und im Bezug auf den Preis: Was können Sie da noch machen?*

V: *Der Preis in unserem Angebot ist wirklich gut. Dank der Lieferung auf das Dach sparen Sie zudem viel Zeit und Geld – oder nicht?*

K: *Klar, aber der andere Anbieter könnte das sicher auch.*

V: *Vielleicht, aber Fahrzeuge mit 15-Meter-Auslegekran sind selten und meist schon lange im Voraus ausgebucht. Wenn Sie mir jetzt den Auftrag geben, sind Sie sicher, dass alles klappt, und Sie können sich um anderes kümmern. Soll ich den Lastwagen für den Freitag Nachmittag buchen, damit die Termine eingehalten werden können?*

Wenn der Kunde relativ kurzfristig die Ware braucht, haben Sie erfahrungsgemäß hohe Erfolgschancen mit diesem Vorgehen. Wenn er auf einen Nachlass besteht, zeigen Sie eine Geste. Zum Beispiel so:

V: *Also gut, weil Sie es sind. Wenn Sie mir jetzt den Auftrag geben, verrechne ich Ihnen den LKW mit 15-Meter-Kran nur zum Preis des LKWs mit 9-Meter-Kran.*

Ein weiterer wichtiger Grundsatz für Preisverhandlungen ist:

Merke

Kaufsignale erkennen und nutzen!

Diesen Grundsatz haben wir bereits in der Gesprächsführung kennengelernt. Er gilt auch für das Nachfassen von Angeboten.

Bei meinen Coachings habe ich wiederholt Situationen erlebt, in denen bei ausstehenden Angeboten der Kunde selbst anruft:

K: *Sie haben mir ja für die Kommission XY ein Angebot zugestellt. Was können Sie da noch machen?*

Mit Erstaunen und ungläubig habe ich dann die Reaktion des Verkäufers verfolgt. Meist sah diese etwa wie folgt aus:

V: *Warten Sie – ich schaue nach. – Was ich Ihnen noch geben könnte, sind 4 Prozent Rabatt.*

Wieso gibt man in dieser Situation überhaupt und ohne Verhandlungsversuch noch einen zusätzlichen Rabatt? Wenn der Kunde sich in Bezug auf ein Angebot von selbst meldet, liegt doch ganz klar ein Kaufsignal vor. Wenn wir viel zu teuer wären und er lieber mit einem anderen Anbieter arbeiten würde, würde er uns doch niemals anrufen! Und wie nutzen Sie dieses Kaufsignal? Indem Sie nicht sofort einen Rabatt geben, sondern zuerst andere Aspekte der Lieferung abklären und damit vom Preis ablenken (siehe oben)! Ein weiterer wichtiger Grundsatz ist:

Merke

Bevor ich einen Preisnachlass gebe, prüfe ich die Entscheidungssituation!

Wenn Sie noch nicht prüfen konnten, ob der Preis vielleicht doch nur ein Vorwand ist, beziehungsweise wenn Sie sich der Sache immer noch nicht ganz sicher sind, können Sie, bevor Sie nachgeben, (nochmals) fragen:

V: *Was erwarten Sie in Bezug auf den Preis?*
K: *Zumindest den Preis wie beim anderen vorliegenden Angebot.*
V: *Wenn ich Ihnen diesen Preis mache – geben Sie mir dann den Auftrag?*

Wenn der Kunde jetzt wieder zögert oder sogar Nein sagt, wissen Sie, dass der Preis nur ein Vorwand ist. Also müssen Sie zuerst den wahren Grund herausfinden (siehe oben). Interessant wird es, wenn der Kunde klar Ja sagt. Dann können Sie wie folgt weiterfahren:

V: *Also würden Sie bei Preisgleichheit mit dem anderen Anbieter mir den Vortritt geben?*
K: *Ja!*
V: *Wieso würden Sie denn bei Preisgleichheit mir den Auftrag geben?*
K: *Sie haben mir schon einige Male geholfen, ich weiß, dass Sie und Ihre Firma sehr zuverlässig sind. Das soll honoriert werden.*
V: *Sehen Sie. Und diese Vorteile kosten Sie nur 3.000 mehr! Ist doch wirklich ein sehr attraktives und preiswertes Angebot – oder nicht?*

Erstaunt? Auch so können Sie vorgehen – und es wird sogar oft funktionieren oder zumindest etwas bringen. Zum Beispiel wie hier:

K: (schmunzelt) *Klar haben Sie gewisse Vorteile. Aber die Preisdifferenz ist mir zu hoch.*

V: *Was sind Ihnen denn diese Vorteile wert?*

K: *Mehr als 1.000 können Sie nicht teurer sein. Sie müssen mir noch 2.000 Rabatt geben.*

V: *Unser Angebot ist 30.000, Ihr Vorschlag wäre 28.000. Somit liegen wir noch 2.000 auseinander. Also gut, treffen wir uns in der Mitte, das heißt bei 29.000. Wenn ich die Bestellung gleich jetzt auslöse, kann ich Ihren Wunschtermin auch noch sicherstellen. Ist das gut so?*

Wenn der Kunde Ihnen den Auftrag so gibt, haben Sie viel erreicht. Statt 10 Prozent Nachlass geben Sie am Schluss nur noch 3,33 Prozent Rabatt! Auch wenn der Kunde Sie jetzt nochmals auf 28.500 runterhandeln würde, ist das immer noch deutlich weniger, als er ursprünglich eigentlich von Ihnen wollte. Sie sehen: Kämpfen und verhandeln lohnt sich wirklich! Ein weiterer Grundsatz für Preisverhandlungen ist:

Merke

Ich lasse mich nicht unnötig unter Zeitdruck setzen!

Viele Verkäufer haben Angst, dass ihnen die Felle davonschwimmen. Deshalb lassen sie sich oft unnötig unter Druck setzen und geben zu schnell nach. Wenn der Preis wirklich der entscheidende Einwand ist und auch klar ist, was der Kunde für einen Preis erwartet, dann klären Sie zuerst ab, bis wann der Kunde sich entscheiden will. Das hört sich vielleicht so an:

V: *Bis wann wollen Sie sich entscheiden?*

K: *Bis nächsten Montag.*

V: *Gut, dann kläre ich ab, was ich in Bezug auf den Preis noch machen kann und melde mich am nächsten Montag. Ist das gut so?*

Auch wenn der Kunde Ihnen nur wenig Zeit gibt, den Preis zu prüfen, haben Sie bereits viel gewonnen. Sie können Varianten klären, mit dem Lieferanten reden und versuchen dort noch einen Nachlass zu holen. Und Sie können nochmals überlegen, was Sie in Bezug auf den Preis machen und wie Sie argumentieren:

V: *Also, Herr Kunde. Ich habe nochmals geprüft, was alles möglich ist. Den von Ihnen genannten Nachlass von 550 kann ich Ihnen jedoch bei diesem Produkt nicht geben. Der offerierte Preis ist wirklich so gut, dass das nicht drin ist. Wenn Sie einen solchen Nachlass wollen, müssten wir auf ein anderes Produkt ausweichen, wo die Liefersituation aber wahrscheinlich nicht hinhaut.*

K: *Ein anderes Produkt kommt auch gar nicht infrage.*

V: *Was ich Ihnen nach Rücksprache mit dem Lieferanten noch geben könnte, wäre ein einmaliger Sondernachlass von 250. Dann müsste ich beim Lieferanten aber noch heute umgehend bestellen. Geht das?*

Wie gut Ihr Angebot tatsächlich ist, kann ein Kunde objektiv nicht wirklich beurteilen. Er meint vielleicht, dass Sie bei Ihrem Angebot noch viel Luft haben. Diese Meinung wird jetzt durch Ihr Verhalten gestärkt oder relativiert. Wenn Sie beim Nachfassen ohne zusätzliche Abklärungen im Preis nachgeben, fühlt sich der Kunde in seiner Meinung bestätigt. Er freut sich meist gar nicht wirklich über den Preisnachlass, sondern meint, dass ein noch besserer Preis möglich gewesen wäre. Bei Ihren nächsten Angeboten geht die Preisdrückerei wieder von vorne los, sogar noch stärker!

Wichtig ist deshalb, dass Sie dem Kunden das Gefühl geben, dass der ausgehandelte Preis wirklich gut ist. Was heißt das? Geben Sie nicht zu schnell nach, argumentieren und verteidigen Sie den Preis, nutzen Sie jedes (noch so kleine) Zeitfenster, um abzuklären, was noch möglich ist.

Versuchen Sie immer zu vermeiden, auf den vom Kunden geforderten Preis einzusteigen:

Merke

Wenn nicht anders möglich, schlage ich einen Kompromiss vor!

Das kann dann vielleicht so klingen:

V: *Das Ganze kann doch nicht an … scheitern. Wo finden wir uns?* oder: *Treffen wir uns in der Mitte. Einverstanden?*

Machen Sie nicht jeden Preis, den der Kunde von Ihnen verlangt. Wenn Sie extrem tiefe Preise akzeptieren, meint der Kunde, dass dies immer möglich ist. Beim nächsten Angebot wird er von dieser Preisbasis ausgehen und noch größere Zugeständnisse verlangen. Zudem machen Sie sich unglaubwürdig. Der Kunde wird jedes weitere Preisangebot von Ihnen als provisorisch und vage empfinden und glauben, dass er mit etwas Druck noch einen viel besseren Preis erhalten wird.

Merke

Ich kann auch Nein sagen. Auf extrem tiefe und unrealistische Preisvorstellungen gehe ich nicht ein!

So optimieren Sie Ihr Angebotsmanagement

Die Optimierung des Angebotsmanagements und die Steigerung der Angebotserfolgsquote ist nicht nur eine Frage des Nachfassens, sondern beginnt bereits viel früher. Statt bei Anfragen pflichtbewusst und fleißig Angebote zu erstellen, müsste viel konsequenter geprüft werden, ob ein Angebot überhaupt sinnvoll ist. Wie schnell braucht der Kunde das Material? Ist er an einer Zusammenarbeit mit uns interessiert oder will er nur einen Preisvergleich zu seinem Hauptlieferanten?

Wenn der Bedarf kurzfristig ist und es um kleinere Beträge geht, sollte man versuchen, den Auftrag ohne Angebot zu holen! Je nach Angebotshistorie (zum Beispiel viele Anfragen, keine Bestellungen) wäre bei gewissen Anfragen vor der Angebotserstellung ein Telefon oder sogar ein Besuch sinnvoll. Macht es überhaupt Sinn, dass wir anbieten? Ist der Kunde wirklich bereit, mit uns zusammenzuarbeiten, oder benutzt er uns einfach, um die Preise seines Hauptlieferanten zu überprüfen? Wo gibt es welche Möglichkeiten für eine Zusammenarbeit im beiderseitigen Interesse? Solche Gespräche sind nicht einfach. Geschickt geführt, können sie sehr viel bringen.

Bei telefonischen Anfragen des Kunden (Was kostet bei Ihnen ...? Oder: Ich brauche noch ein Angebot für folgende Materialien ...) sollte die Frage nach dem Zeitpunkt (Wann brauchen Sie das Material?) gewohnheitsmäßig gestellt werden. Wenn der Kunde das Material kurzfristig braucht (und damit den Auftrag hat), kann man bei einfacheren Anfragen (ohne lange Berechnungen und Abklärungen) versuchen, direkt am Telefon zum Abschluss zu kommen und damit ein Angebot zu vermeiden.

Merke

So wenig Angebote wie möglich, so viele wie nötig!

Die Angebotsverfolgung darf bei Ihnen und weiteren Mitarbeitern der Firma, die Sie unterstützen, nicht eine lästige Pflicht sein, sondern muss professionell und konsequent wahrgenommen werden. Jedes richtig geführte Nachfasstelefonat ergibt wertvolle Informationen, bietet Chancen für Zusatzverkäufe, verbessert die Kundenbeziehung und damit die Erfolgsquoten.

Das zielgenaue Nachfassen und Telefonieren ist jedoch bei vielen Firmen ein Engpass. Nicht nur beim Innen-, sondern auch im Außendienst. Das entsprechende Bewusstsein und die notwendigen Fähigkeiten müssen deshalb bei allen involvierten Mitarbeitern gezielt entwickelt und verbessert werden.

Mit der Zeit kann (sogar bei anfänglich sehr skeptischen Mitarbeitern) dank vieler positiv verlaufender Telefonate Freude am Nachfassen entstehen. Denn bekanntlich gilt auch beim Nachfassen: ***Es gibt nichts Motivierenderes als Erfolg!***

6.
Selbstmanagement: Erfolg durch Fokus

Spitzenverkäufer haben deutlich mehr Erfolg. In Firmen mit einer Vielzahl von Außendienstmitarbeitern verkaufen die besten Verkäufer regelmäßig zwei- bis dreimal soviel wie der Durchschnitt!

Wie ist ein solcher Unterschied überhaupt möglich? Was genau machen die Top-Verkäufer anders?

Die Erfahrung zeigt, dass für den Verkaufserfolg eines Verkäufers drei Faktoren maßgebend sind (Meierhofer 2005): Quantität, Qualität und Fokus der jeweiligen Verkaufstätigkeit. Die Erfolgsformel lautet also kurz und bündig: Q^2F.

Was genau ist mit diesen drei Faktoren gemeint? Die Quantität steht für die Menge der Verkaufstätigkeit. Wie viele Kundenbesuche macht ein Verkäufer pro Woche, Monat und Jahr? Wie viele Telefonate werden durchschnittlich pro Woche zur Terminvereinbarung mit potenziellen Neukunden beziehungsweise zum Nachfassen geführt? Wie viel der Arbeitszeit wird für den aktiven Verkauf (im direkten Kontakt zu den Kunden) eingesetzt?

Bei vielen Firmen ist in Bezug auf die verkaufsaktive Zeit eine gefährliche Entwicklung zu beobachten. Teilweise beträgt dieser Anteil bei den Verkäufern im Außendienst nur noch rund 30 Prozent! Die restliche Zeit wird für Angebotserstellungen, Schulungen, Sitzungen, technischen Support und administrative Arbeiten eingesetzt. Die Gründe für einen so tiefen Anteil der verkaufsaktiven Zeit können in der fehlenden beziehungsweise ungenügenden Unterstützung (durch Innen- und/oder Kundendienst) liegen. Aber auch in der Persönlichkeit eines Verkäufers, welcher am liebsten alles selbst macht.

Wichtig ist, dass Sie Ihre Tätigkeiten selbstkritisch überprüfen:

- Für welche Aufgaben und Tätigkeiten setzen Sie Ihre Zeit ein?
- Sind diese Tätigkeiten für den Verkauf (und damit für Ihren Verkaufserfolg) nötig und sinnvoll?

- Müssen Ihre Tätigkeiten wirklich durch Sie persönlich erbracht werden oder könnten Sie gewisse Tätigkeiten (vollständig oder zumindest teilweise) abgeben?
- Braucht es die Zeit jeweils tatsächlich oder könnte eine Tätigkeit auch einfacher (und damit mit weniger Zeitaufwand) ausgeführt werden?

Erfassen und hinterfragen Sie Ihre Tätigkeiten regelmäßig. Daraus ergeben sich wertvolle Informationen, um Optimierungsmaßnahmen zu erkennen und einzuleiten. Wenn es Ihnen gelingt, Ihre verkaufsaktive Zeit zu erhöhen, können Sie die Anzahl der Kundenbesuche und -kontakte steigern. Resultat: Sie werden (noch) mehr Verkaufserfolg erzielen!

Neben der Quantität ist natürlich auch die Qualität der Verkaufstätigkeit ein entscheidender Erfolgsfaktor. Wie schnell und gut kann ein Verkäufer seine Kunden von den Produkten und Leistungen überzeugen? Wie viele Gespräche und Kontakte sind erforderlich, bis ein Verkauf zustande kommt? Wie gut sind die jeweiligen Kundenbeziehungen? Bezieht der Kunde nur Spezialprodukte oder werden auch Standard- und Basisprodukte geliefert? Hat der Verkäufer die Fähigkeit (oder den „Riecher"), um ein Geschäft zu machen?

Wie kann die Qualität der Verkaufstätigkeit eines Verkäufers gemessen werden? Eine direkte Messung ist schwierig. Es gibt verschiedene Indikatoren, die indirekt einen Hinweis auf die Qualität der Verkaufstätigkeit geben und als Hilfsgrößen verwendet werden können. Ein wichtiger Indikator ist zum Beispiel die realisierte Marge. Kann der Verkäufer Mehrwerte erbringen und aufzeigen oder verkauft er nur über den Preis? Die Marge darf natürlich nicht isoliert und absolut beurteilt werden, sondern ist mit anderen Verkäufern und gegebenenfalls Benchmarks zu vergleichen.

Weitere Anhaltspunkte kann die Angebotserfolgsquote geben. Wie viele der Angebote werden zu Aufträgen? Interessant ist zudem eine Auswertung der Angebotserfolgsquote je nach Betragskategorie (zum Beispiel unterteilt in Groß-, Mittel- und Kleinangebote). Holt der Verkäufer auch große Aufträge oder nur die kleinen?

Auch für die Akquisitionsqualität gibt es Indikatoren. Wie viele Anrufe sind nötig, bis ein Termin bei einem potenziellen Neukunden zustande kommt? Dient der Erstbesuch nur, um sich kennenzulernen, oder wird bereits ein konkreter nächster Schritt vereinbart (erste Bestellung, Angebot, Besichtigung, Schulung, Folgetermin)?

Der dritte Erfolgsfaktor im Verkauf ist der Fokus: Damit ist die Ausrichtung der Verkaufstätigkeit gemeint. Viele Verkäufer arbeiten eher unsystematisch und zufällig oder (positiv beziehungsweise beschönigend formuliert) spontan und flexibel. Es werden vor allem die Kunden besucht, die man gut kennt oder die konkret etwas wollen und sich melden. Top-Verkäufer arbeiten dagegen potenzial- und zielorientiert. Auch wenn die Betreuung und Pflege der (zahlreichen) bestehenden Kunden viel Zeit beansprucht, versuchen Sie dauernd bei ihren Kunden noch ungenutzte Potenziale zu erkennen und ihre Anteile zu erhöhen. Gleichzeitig suchen und nutzen sie jede Chance, um potenzielle Neukunden zu gewinnen. Eine entsprechende Namensliste haben sie erstellt oder zumindest im Kopf.

Im Folgenden stelle ich drei Ansatzpunkte vor, mit denen Sie Ihre Verkaufstätigkeit besser organisieren und auf Erfolg trimmen können. Diese sind:

- Die Kundenklassifizierung für einen besseren Blick auf Ihre Kundenstruktur
- Die Gestaltung des Arbeitstages nach Wichtigkeit statt nach Dringlichkeit
- Das Finden und Verfolgen von persönlichen Zielen

6.1 Die Kundenklassifizierung für einen besseren Blick auf Ihre Kundenstruktur

Ein interessantes Instrument, mit welchem der Verkaufsfokus verbessert werden kann, ist eine Kundenklassifizierung. Wichtig ist dabei, dass die Kunden nicht nur in Bezug auf die realisierten Umsätze beurteilt werden, sondern auch im Hinblick auf das Potenzial. Mit den nötigen Marktkenntnissen genügen oft einfache Indikatoren (zum Beispiel die Anzahl der Kundenmitarbeiter), um die Höhe des Potenzials mit ausreichender Genauigkeit abzuschätzen.

Weitere Kriterien für eine Kundenklassifizierung können die Zukunftschancen des Kunden (Aufsteiger, Mitläufer oder Absteiger), die Kundenbindung beziehungsweise -treue oder die Kundendurchdringung sein.

Ein zweidimensionales Klassifikationsbeispiel aus der Praxis mit den entsprechenden Basisstrategien für die Verkaufstätigkeit zeigt die Abbildung auf der folgenden Seite.

Kundenpotenzial / Heutige Kundenbeziehung	**Großes Potenzial** Gehört zu den großen Betrieben der Branche. > Mitarbeiter > Euro **(G) Großkunde**	**Mittleres Potenzial** Gehört zu den mittleren Betrieben der Branche. Mitarbeiter Euro **(M) Mittelkunde**	**Kleineres Potenzial** Gehört zu den kleineren Betrieben der Branche. < Mitarbeiter < Euro **(K) Kleinkunde**
(S) **Stammkunde** Kunde bevorzugt uns, > 65 % Umsatzanteil.	**1 (SG)** **Schlüsselkunde** *Halten und aktiv bearbeiten!*	**2 (SM)** **Hauptkunde** *Halten und aktiv bearbeiten!*	**3 (SK)** **Treuer Kleinkunde** *Umsatz halten mit möglichst geringem Aufwand!*
(W) **Wechselkunde** Kauft bei verschiedenen Händlern. Hat mindestens 20 % Umsatzanteil bei uns.	**4 (WG)** **Potenzieller Schlüsselkunde** Entwickeln Richtung 1er-Kunde! *Aktiv bearbeiten!*	**5 (WM)** **Potenzieller Hauptkunde** Entwickeln Richtung 2er-Kunde! *Aktiv bearbeiten!*	**6 (WK)** **Potenzieller treuer Kleinkunde** Entwickeln Richtung 3er-Kunde! *Aktiv bearbeiten!*
(K) **Konkurrenzkunde** Hat keinen oder nur sehr kleinen Umsatzanteil bei uns (< 20 %). Bevorzugt Konkurrenz.	**7 (KG)** **Beobachtungskunde** Entwickeln Richtung 4er-Kunde! *Lohnt sich sehr zu bearbeiten, wenn Kapazität vorhanden.*	**8 (KM)** **Beobachtungskunde** Entwickeln Richtung 5er-Kunde! *Lohnt sich zu bearbeiten, wenn Kapazität vorhanden.*	**9 (KK)** **Mitnahmekunde** Kunden sind weniger interessant! *Keine aktive Bearbeitung!*
(U) **Unbekannt** Keine Info beziehungsweise noch keine Einteilung erfolgt.	**10** *Einteilung sobald mit Adresse gearbeitet wird (Anfrage, Telefon, Besuch etc.)*		

Abbildung 11: Kundenklassifikations-Matrix (Meierhofer 2006)

Kundenklassifikation in der Praxis: Ein Beispiel

Mithilfe einer systematischen Kundenklassifizierung erhält man wertvolle Aussagen bezüglich der Kundenstruktur. Diese möchte ich mit einem konkreten Praxisbeispiel illustrieren (Meierhofer 2006):

Ein Unternehmen beliefert als Großhändler verarbeitende Betriebe. Die Branche ist atomistisch strukturiert: wenig Groß- und Mittelbetriebe, eine Vielzahl von Klein- und Kleinstbetrieben.

- *Der Verkauf des Großhändlers ist regional organisiert. Jeder Außendienstmitarbeiter ist für 400 bis 600 Kunden zuständig und wird dabei vom Innendienst unterstützt.*
- *Die Umsätze der einzelnen Verkäufer bewegen sich zwischen 2,5 und 4,5 Millionen Schweizer Franken, die Anzahl Besuche pro Jahr zwischen 1.000 und 1.350.*

Die Auswertung der vorhandenen Informationen ergab folgendes Bild: Die Spitzenverkäufer wiesen zwischen 1.050 und 1.150 Besuche pro Jahr auf, andere Verkäufer sogar noch mehr. Offenbar gibt es also für den Verkaufserfolg ein Besuchsoptimum. Damit bestätigt sich, dass der Erfolg nicht nur eine Frage der Besuchsanzahl (Quantität) ist, sondern auch der Besuchsqualität und des Fokus. Interessante Fragen wären hier zum Beispiel:

- *Werden die richtigen Kunden besucht?*
- *Wie stark wird das Potenzial der bestehenden Kunden ausgeschöpft?*
- *Bei welchen Kunden gibt es noch Steigerungsmöglichkeiten? In welchem Umfang?*

Ohne Angaben zum Kundenpotenzial gibt es auf diese Fragen keine fundierten Antworten. Deshalb beschloss das Unternehmen, zusätzliche Daten zu erheben.

Abklärungen und Analysen ergaben, dass je nach Schwerpunkt der Kundentätigkeit der Umsatzanteil des Großhändlers (bezogen auf den gesamten Materialbedarf) unterschiedlich ausfällt. Als Näherungswert mit hinreichender Genauigkeit genügt jedoch ein konstanter durchschnittlicher Umsatzanteil.

Die Erfragung der Kundenumsätze beziehungsweise des möglichen Potenzials ist schwierig und delikat. Die Kundenanalysen haben jedoch gezeigt, dass der realisierte Umsatz der Kunden jeweils sehr stark mit der Anzahl der produktiven Mitarbeiter korreliert. Pro Mitarbeiter kann wiederum (mit ausreichender Genauigkeit) mit einem fixen Betrag gerechnet werden, welcher das theoretische Umsatzpotenzial widerspiegelt. Zur Berechnung des Kundenpotenzials genügt somit die Ermittlung der Anzahl der produktiven Mitarbeiter. Diese Angaben sind viel einfacher und problemloser zu bekommen.

Die Mitarbeiteranzahl wurde vom Außendienst über einen Zeitraum von drei Monaten bei den Kunden erfasst und im Verkaufsprogramm eingegeben. Aufgrund dieser Angaben wurde im Computerprogramm das theoretische Umsatzpotenzial und in Gegenüberstellung mit dem heute realisierten Umsatz die effektive Potenzialausschöpfung (= Index) pro Kunde errechnet. Die Auswertung nach den einzelnen Außendienstmitarbeitern ergab überraschende Erkenntnisse:

MA	Umsatz	Potenzial	Index	Kunden	Besuche
A	4,20	5,90	71,2 %	390	1.100
B	3,50	7,00	50,0 %	420	1.250
C	2,90	5,10	56,9 %	450	1.230
D	4,40	8,20	53,7 %	550	1.150
E	3,30	4,90	67,3 %	380	1.350
F	3,90	8,50	45,9 %	460	1.050
G	2,50	5,10	49,0 %	490	1.000
Total	24,70	44,70	55,3 %	3.140	8.130

Abbildung 12: Auswertung von Ist-Zustand und Potenzial der Außendienstmitarbeiter

Die beiden Außendienstmitarbeiter A und D waren im Unternehmen bisher die Stars. Die Potenzialauswertung zeigt aber klar, dass A mit seinem Umsatz deutlich mehr vom bestehenden Umsatzpotenzial seiner Kunden ausschöpft als D, der sogar noch unter dem Durchschnitt des Unternehmens liegt. Der Vergleich der Kundenanzahl deutet darauf hin, dass das Verkaufsgebiet von D eher zu groß ist. Deshalb drängte sich eine Anpassung der Gebietseinteilung auf. Die Verkäufer B und C übernahmen gewisse Kunden von D.

Aufgrund der vorgenommenen Potenzialschätzung pro Kunde konnte zudem eine Kundenklassifikation erstellt werden. Zur Anwendung kam die zweidimensionale Matrix mit neun Kundenkategorien, welche wir in Abbildung 11 kennengelernt haben.

Die Analyse der Kundenstruktur zeigte, dass bei den Verkäufern deutliche Unterschiede vorhanden waren. Zwei Extreme wurden zum Beispiel durch den Vergleich der beiden Verkäufer A und C sichtbar:

MA A	**G**	**M**	**K**	**Total**
S	30 %	20 %	10 %	**60 %**
W	10 %	5 %	5 %	**20 %**
K	10 %	5 %	5 %	**20 %**
Total	**50 %**	**30 %**	**20 %**	**100 %**

Abbildung 13: Kundenstruktur Außendienstmitarbeiter A

MA C	**G**	**M**	**K**	**Total**
S	5 %	10 %	5 %	**20 %**
W	10 %	10 %	10 %	**30 %**
K	25 %	15 %	10 %	**50 %**
Total	**40 %**	**35 %**	**25 %**	**100 %**

Abbildung 14: Kundenstruktur Außendienstmitarbeiter C

- In Bezug auf die Kundenpotenziale verfügt A über einen Anteil von 50 Prozent Großkunden, C von nur 40 Prozent.
- Die Hauptunterschiede bestehen aber bei der Kundenbindung: A hat 60 Prozent Stammkunden, C nur 20 Prozent. Und 30 Prozent der Kunden von A sind Stammkunden mit einem großen Potenzial, bei C hingegen nur 5 Prozent.

Die Analyse der Kundenstruktur erklärt den Erfolg von Verkäufer A eindrücklich. Bei Verkäufer C liegen die Stoßrichtung und Zielsetzung zur Steigerung des Verkaufserfolgs auf der Hand:

- Steigerung des Stammkundenanteils
- Konzentration auf G- und M-Kunden
- Reduktion des Zeitaufwands für KK- und WK-Kunden
- Entwicklung von WG- und WM- zu SG- beziehungsweise SM-Kunden (1. Priorität)
- Entwicklung von KG- und KM- zu WG- beziehungsweise WM-Kunden (2. Priorität)

Die Kundenstrukturanalyse hat Verkäufer C geholfen, seine eigene Verkaufstätigkeiten und Prioritäten zu überprüfen und kritisch zu hinterfragen. Erste Erfolge waren bereits nach wenigen Monaten klar erkennbar.

Zur Erhaltung beziehungsweise Verbesserung einer bestimmten Kundenstruktur braucht es eine entsprechende Besuchstätigkeit. Eine weitere wichtige und interessante Analyse ist deshalb die Auswertung der Besuchs- und Umsatzanteile nach Kundenklassen. Auch hier bestanden große Unterschiede zwischen den verschiedenen Außendienstmitarbeitern. Bei Verkäufer B (3,5 Millionen Umsatz, 1.250 Besuche pro Jahr) zeigte sich folgende Besuchs- und Umsatzverteilung nach Kundenkategorien:

MA B	G	M	K	Total
S	25 %	15 %	10 %	**50 %**
W	10 %	15 %	10 %	**35 %**
K	5 %	5 %	5 %	**15 %**
Total	**40 %**	**35 %**	**25 %**	**100 %**

Abbildung 15: Umsatzverteilung Außendienstmitarbeiter B nach Kundenklassen

MA B	G	M	K	Total
S	10 %	12 %	8 %	**30 %**
W	8 %	7 %	15 %	**30 %**
K	5 %	15 %	20 %	**40 %**
Total	**23 %**	**34 %**	**43 %**	**100 %**

Abbildung 16: Besuchsverteilung Außendienstmitarbeiter B nach Kundenklassen

Der Verkäufer B macht 20 Prozent seiner Besuche bei KK-Kunden, welche lediglich 5 Prozent seines Umsatzes bringen. Auf alle Konkurrenzkunden (K-Kunden) zusammen entfallen 40 Prozent der Besuche, welche nur 15 Prozent des Umsatzes bringen. Damit der Umsatz gesteigert werden kann, muss Außendienstmitarbeiter B seine Besuchsplanung überprüfen und optimieren:

- Erhöhung der Besuchsanteile von Wechselkunden mit Ziel der Kundenentwicklung
- Bei Konkurrenzkunden vermehrte Konzentration auf Kunden mit Potenzial G+M und dem Ziel, diese zu Wechselkunden zu entwickeln

Mithilfe einer Potenzialabschätzung und Kundenklassifizierung können interessante Analysen durchgeführt werden, welche Hinweise auf Optimierungs- und Verbesserungsmöglichkeiten ergeben. Solche Instrumente sind sehr wertvoll und es gilt sie (wenn vorhanden) zu nutzen. Getreu nach dem Motto von Philip Rosenthal (deutscher Industrieller und Politiker, 1916–2001):

Wer aufhört, besser zu werden, hat aufgehört, gut zu sein!

Philip Rosenthal

In den meisten Unternehmen werden solche Mittel nicht vorhanden sein. Mit einfachen Überlegungen und wenigen Informationen können Sie sich ein eigenes System zur Überprüfung und Optimierung Ihrer Verkaufstätigkeit aufbauen:

- Besorgen Sie sich eine Kundenliste mit den Umsätzen vom Vorjahr und dem laufenden Jahr und übernehmen Sie diese in ein Tabellenkalkulationsprogramm (zum Beispiel Excel).
- Sortieren Sie diese Kundenliste absteigend nach dem Umsatz vom letzten Jahr.
- In einer ersten Runde beschränken Sie sich auf die Kunden, welche 80 Prozent Ihres Umsatzes ausmachen.
- Jeden dieser Kunden klassifizieren Sie nun in einer zusätzlichen Tabellenspalte bezogen auf das für Sie theoretisch bei diesem Kunden maximal mögliche Umsatzvolumen (= Verkaufspotenzial, wenn der Kunde alle Produkte, die Sie im Verkaufssortiment haben, ausschließlich bei Ihnen kauft, also bei keinem Mitbewerber vergleichbare Produkte bezieht) mit G (= Groß), M (= Mittel) oder K (= Klein).
- Aufgrund der aktuellen Umsätze schätzen Sie dann bei diesen Kunden die Kundenbindung ab und codieren jeden Kunden in einer weiteren Tabellenspalte mit S (= Stammkunde, welcher bereits über zwei Drittel seines Potenzials bei Ihnen bezieht), K (= Konkurrenzkunde, welcher heute weniger als 20 Prozent seines Potenzials bei Ihnen kauft) oder mit W (= Wechselkunde, Ihr Anteil am Verkaufspotenzial liegt zwischen 20 und 66 Prozent).
- Kombinieren Sie die beiden Dimensionen und berechnen Sie, wie viel Umsatz Sie mit den neun Kundenkategorien SG, SM, SK, WG, WM, WK, KG, KM und KK erzielen.

Jetzt können Sie analog zur Abbildung 11 die Kundenklassifikationsmatrix erstellen und Ihre Kundenstruktur nach verschiedenen Kriterien analysieren:

- Wie groß ist jeweils der Anteil von Stamm-, Wechsel- und Konkurrenzkunden am Total aller Kunden (in Bezug auf Anzahl und Umsatz)? Gelingt es Ihnen, Stammkunden aufzubauen, oder haben Sie nur Wechselkunden und Konkurrenzkunden? Wie groß ist der Anteil der Konkurrenzkunden, welche bei Ihnen nur sehr selektiv kaufen und ihre Hauptbezüge bei Mitbewerbern tätigen?
- Wie verteilen sich Ihre Kunden anzahl- und umsatzmäßig auf die Kategorien G, M und K? Können Sie auch Kunden mit großem Potenzial gewinnen und (zu machbaren Margen) halten oder konzentrieren Sie sich (zu stark) auf Kunden mit kleinem Verkaufspotenzial?
- Jetzt können Sie mit den Prozentzahlen die Kundenmatrix mit den neun Kundenkategorien darstellen.
- Analysieren Sie, wie Sie diese neun ermittelten Kundenkategorien besuchen. Entspricht das der Bedeutung und dem Potenzial oder müssen Sie hier korrigieren?
- Setzten Sie sich klare Ziele in Bezug auf Kunden, die Sie entwickeln möchten: Zum Beispiel von Konkurrenz- zu Wechsel- beziehungsweise von Wechsel- zu Stammkunden. Führen Sie eine entsprechende Liste mit der Übersicht über Stand, Maßnahmen und Nachfasstermine.
- Besuchen und analysieren Sie laufend einzelne Kunden, die Sie in einer ersten Runde nicht klassifiziert haben. Wenn Sie interessante Potenziale und Verkaufschancen erkennen, gilt es, diese zu nutzen!

6.2 Die Gestaltung des Arbeitstages nach Wichtigkeit statt Dringlichkeit

Mit einer Kundenklassifizierung können Sie aus der Vielzahl Ihrer Kunden die wirklich wichtigen Kunden erkennen und Ihren Verkaufsfokus verbessern. Eine andere Sache ist aber, diese Erkenntnis auch in den Verkaufsalltag einfließen zu lassen. Wir wissen zwar, was wir eigentlich tun sollten, doch nur zu leicht lassen wir uns von zufälligen Ereignissen bestimmen. Das Telefon klingelt, wir eilen von Meeting zu Meeting oder verbringen mehr Zeit mit administrativen Tätigkeiten als mit dem eigentlichen Verkaufen.

Kurz: Es fällt uns schwer, Prioritäten zu setzen. Die Ursache hierfür ist nur zum Teil fehlender Wille. Unser Gehirn und unser Verhalten sind noch immer viel mehr von dem natürlichen Verhalten des steinzeitlichen Jägers geprägt als vom modernen Businessalltag.

Eine wirklich gute und bewährte Methode für eine bessere Selbstorganisation im Verkauf ist das Eisenhower-Prinzip. Es ist ein Klassiker des Zeitmanagements und sehr viele Führungskräfte und Projektmanager verbessern seit Jahrzehnten mit dieser Methode die Wirksamkeit ihrer Arbeit. Auch im Verkauf lässt sich das Konzept wunderbar einsetzen.

Das Eisenhower-Prinzip

Hinter der Erfolgsformel Q^2F steckt der Umgang mit und die Nutzung der Zeit. Top-Verkäufer sind einfach ausgedrückt deutlich fleißiger als der Durchschnitt. Sie machen mehr Besuche, haben mehr Kontakte, arbeiten meist länger. Entscheidend ist ihre Fähigkeit, sich auf das Wesentliche zu konzentrieren. Also auf Tätigkeiten, welche etwas bringen und sich im Verkaufserfolg auszahlen. Top-Verkäufer verstehen es, Prioritäten zu setzen.

Prioritäten setzen ist ein Klassiker im Zeitmanagement. Bekannt und immer noch aktuell ist das sogenannte Eisenhower-Prinzip, welches vom berühmten Alliierten-General im zweiten Weltkrieg und späteren US-Präsidenten Dwight D. Eisenhower (1890 bis 1969) praktiziert und gelehrt wurde. Bei diesem Prinzip werden Aufgaben nach den beiden Dimensionen Wichtigkeit und Dringlichkeit beurteilt, wobei jeweils zwischen hoch und niedrig unterschieden wird. Daraus ergeben sich in Bezug auf die Prioritätensetzung vier Quadranten:

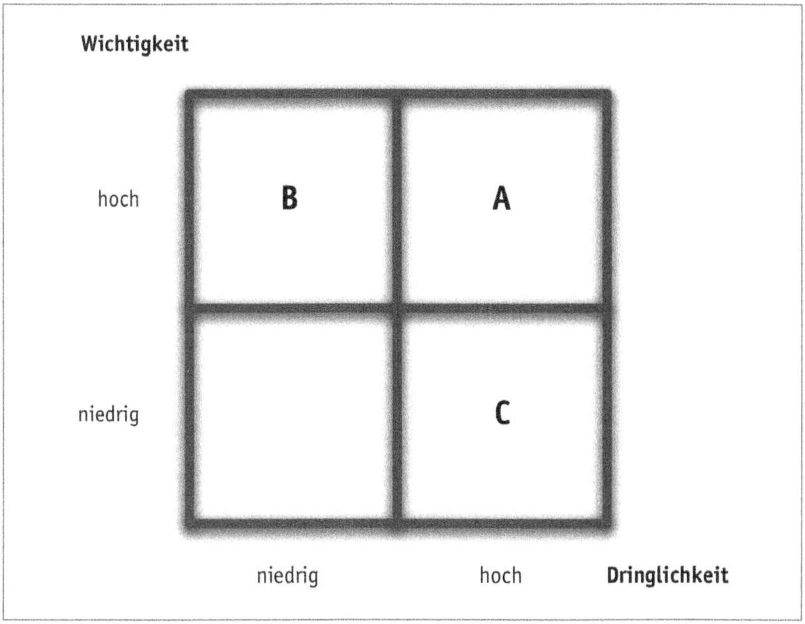

Abbildung 17: Eisenhower-Matrix

- Die höchste Priorität haben natürlich A-Aufgaben, welche sowohl sehr wichtig als auch sehr dringend sind. Diese Aufgaben müssen Sie sofort und selbst erledigen.
- Die zweite Priorität nach Eisenhower haben B-Aufgaben, welche zwar nicht dringend, aber sehr wichtig sind. Diese Aufgaben müssen Sie zwar nicht sofort erledigen. Wichtig ist jedoch, dass Sie eine genaue Planung der Arbeitsschritte und Terminierung in Bezug auf die Ausführung und Erledigung vornehmen.

- In dritter Priorität werden die C-Aufgaben angegangen. Da diese Aufgaben sehr dringend, aber nicht wichtig sind, sollten Sie wenn immer möglich die Ausführung anderen Mitarbeitern übertragen, also delegieren. Zum Beispiel an den Innen-, Kunden- oder Technischen Dienst. Sollte dies nicht möglich sein, versuchen Sie, den Anteil und Umfang der C-Aufgaben zu reduzieren. Indem Sie bei auf den ersten Blick dringenden Anliegen von Kunden nicht sofort losrennen, sondern zuerst analysieren und hinterfragen. Vielleicht kann doch jemand anders weiterhelfen. Oder die Erledigung kann auf einen späteren und für Sie zeitlich besser passenden Termin verschoben werden.
- Welche Priorität hat jetzt der vierte Quadrant? Aufgaben, welche weder dringend noch wichtig sind, sollten gemäß Eisenhower im Papierkorb landen, also gar nicht angegangen werden. Jede aufgewendete Minute wäre hier reine Zeitverschwendung!

Das Eisenhower-Prinzip ist sehr logisch und bestechend einfach. In der Realität ist die Anwendung jedoch voller Fallen und Tücken:

- In der Praxis wird die Wichtigkeit einer Aufgabe oft gar nicht wirklich beurteilt, sondern es wird nur aufgrund der Dringlichkeit gehandelt. Was dringend ist (oder von Kunden so dargestellt wird), wird sofort ungeprüft angepackt und erledigt. Dadurch geht viel wertvolle Zeit verloren, welche dann für die Planung und Ausführung der wirklich wichtigen Aufgaben fehlt.
- Unwichtige und nicht dringende Aufgaben einfach (bildlich gesprochen) in den Papierkorb zu legen und zu vergessen, fällt vielen schwer und muss erst gelernt werden. Viele haben Angst, dass das Ganze vielleicht doch wichtiger sein könnte als gedacht. Diese Furcht ist jedoch unbegründet. Sollte doch eine höhere Wichtigkeit bestehen, werden Sie das irgendwann hören und merken. Dann könnten Sie (wenn es sein muss) immer noch aktiv werden. Wenn hingegen nichts passiert und das Ganze versandet, haben Sie einen unnötigen Zeitverlust erfolgreich vermieden.

Sollten Sie mit dem Wegschmeißen Mühe haben, hilft als Übergangslösung, solche Aufgaben auf einen Stapel zu legen und ruhen zu lassen. Wichtig ist, dass dieser Stapel nicht in Ihrem Sichtfeld liegt, sondern irgendwo in einem Schrank (oder bei E-Mails in einem speziellen Postfach). Mindesten ein Mal pro Jahr sollten Sie diesen Stapel aussortieren. Meist werden Sie über 90 Prozent wegwerfen (oder im Computer löschen) und so allmählich lernen, dass Sie vieles direkt in den Papierkorb befördern können.

- B-Aufgaben werden aufgrund der Konzentration auf Dringlichkeiten (A- und C-Aufgaben) oft vor sich her geschoben. Bis zum Zeitpunkt, wo diese wichtigen Aufgaben dann plötzlich dringend werden. Jetzt kommt es zu Feuerwehrübungen und Schnellschüssen. Aufgrund des Zeitdrucks leidet die Ausführungsqualität. Zudem ist eine Delegation oder zumindest eine Unterstützung durch andere Personen gar nicht mehr möglich, sondern es muss alles selbst gemacht werden.
- Aufgrund meiner eigenen Erfahrungen kann ich bestätigen, dass in der Praxis die Planung und Ausführung von B-Aufgaben auch im Verkauf ein verbreiteter Schwachpunkt ist. Kritisch sind jedoch nicht B-Aufgaben, die plötzlich zu einer A-Priorität werden. Diese werden zwar suboptimal erledigt, sie kommen aber immerhin noch zur Ausführung. Viel schlimmer sind B-Aufgaben, die weder geplant noch ausgeführt werden, also einfach liegenbleiben und versanden!

Was sind typische B-Aufgaben im Verkauf, die zwar sehr wichtig sind, aber nicht dringend (und damit auch nicht sofort) erledigt werden müssen? Hier gibt es eine ganze Reihe, zum Beispiel:

- Angebotsverfolgung
- Nachfassen
- Objektbearbeitung
- Akquisition und Neukundengewinnung
- Events und Kundenveranstaltungen
- Analysen der Verkaufszahlen
- Weiterbildung

Wichtig ist, dass Sie in Ihrer Zeitplanung die entsprechenden Zeitfenster einplanen, in denen Sie diese B-Aufgaben auch angehen können. Hier hilft im Verkauf ein gutes System zur Besuchs- und Wochenplanung sowie ein Instrument, mit dem Sie B-Aufgaben und (Nachfass- und Kontakt-)Termine planen und verwalten können.

Besuchs- und Wochenplanung im Verkauf

Wenn Sie die Erfolgsformel Q^2F konsequent leben und umsetzen wollen, wird Ihre Besuchs- und Wochenplanung entscheidend. Wichtig ist, dass Sie möglichst viel Ihrer Zeit aktiv planen und nutzen, aber noch genügend Lücken (= Pufferzeiten) haben für die (reaktive) Kundenbetreuung und -unterstützung.

Wenn Sie neu im Verkauf sind oder in einer Firma ein neues Verkaufsgebiet übernehmen, müssen Sie bestehende Kunden und ihre Verkaufsprodukte schnellstmöglich kennenlernen. Mit zunehmender Verkaufserfahrung werden Sie wissen, wie viel Zeit Sie für die Kundenbetreuung und -unterstützung brauchen und wie viel Zeit Sie für die Akquisition (neue Kunden beziehungsweise Entwicklung von bestehenden Kunden zu Wechsel- beziehungsweise Stammkunden, Objektbearbeitung, Angebotsverfolgung etc.) einplanen können.

In Bezug auf die Anzahl der Termine pro Woche sowie die notwendige Zeit für Unvorhergesehenes (= Pufferzeit) gibt es je nach Branche und Tätigkeitsgebiet große Unterschiede. Anhand der Baustoffindustrie beziehungsweise des Bauhandels möchte ich im Folgenden aufzeigen, wie die Besuchs- und Wochenplanung optimiert werden kann und dadurch eine Steigerung des Verkaufserfolgs und damit die schrittweise Entwicklung zum Top-Verkäufer möglich wird. Diese Überlegungen gelten sinngemäß mit den entsprechenden Anpassungen auch für andere Branchen.

Viele Verkäufer machen den Fehler, dass sie zu viel Zeit für die Kundenbetreuung reservieren. Deshalb sind sie in Bezug auf die Vereinbarung von festen Terminen eher vorsichtig. Oft werden pro Tag nur zwei bis drei Besuche fest eingeplant. Der Verkäufer ist so telefonisch gut erreichbar (da wenig Besuchstermine) beziehungsweise kann sehr schnell zurückrufen. Wenn der Kunde dann ein dringendes Anliegen oder ein Problem hat, kann der Verkäufer umgehend reagieren.

Die Kundenzufriedenheit wird damit sehr hoch sein. Mit einer solchen Zeitplanung ist die Entwicklung der Kundenbasis und die Ausnützung des im Verkaufsgebietes vorhandenen Verkaufspotenzials nur begrenzt möglich, und die Verkaufszahlen eines Spitzenverkäufers sind nicht zu erreichen.

Das Einplanen von zu viel Freiräumen und Pufferzeiten ist sehr gefährlich. Denn in Bezug auf den Umgang mit der Zeit gilt:

Merke

Die notwendige Zeit für eine Tätigkeit dehnt sich nach der verfügbaren Zeit!

Was heißt das genau? Eine bekannte Erfahrung zeigt, dass die Dauer einer Besprechung stark vom Sitzungsbeginn abhängt. Wenn eine Besprechung auf 9.30 Uhr angesetzt wird, sind die Chancen sehr hoch, dass die Sitzung bis zum Mittag dauert, auch wenn (mit etwas Disziplin und Konzentration) eine Stunde ausgereicht hätte. Woher kommt das? Die Sitzungsteilnehmer haben vor Mittag keine weiteren Aktivitäten eingeplant. Die verfügbare Zeit kann voll (für die Sitzung) genutzt werden!

Wird die Sitzung neu auf 11.00 Uhr angesetzt, geht plötzlich alles schneller. Meist ist die Besprechung nach eine Stunde zu Ende, also mit deutlich weniger Zeitaufwand!

Diese Art, mit der Zeit umzugehen, kennen Sie wahrscheinlich von sich selbst. Wenn ein Kunde anruft und Sie keinen Zeitdruck haben, nutzen Sie die (vermeintlich genügend) verfügbare Zeit. Das Telefon dauert entsprechend länger. Sie werden sich höchst persönlich für den Kunden einsetzen: mit telefonischen Abklärungen, Zusatzarbeiten oder Sie gehen bei ihm vorbei.

Wie reagieren Sie aber, wenn Sie kurz vor einem weiteren Kundentermin stehen und nur wenige Minuten Zeit haben? Jetzt müssen Sie die bestmögliche Lösung finden. Entweder kann sich ein Mitarbeiter im Innen- oder Technischen Dienst darum kümmern oder Sie sprechen mit dem Kunden ab, wann Sie sich wieder melden. Was für den Kunden oft auch genügt. Wie immer gibt es keine Regel ohne Ausnahme. Wenn wirklich etwas sehr Wichtiges und Dringendes ansteht, kann es notwendig sein, dass Sie einen anstehenden Termin kurzfristig absagen und verschieben.

Diese Überlegungen zeigen, wie wichtig eine vorgängige und aktive Wochenplanung im Verkauf ist. Wenn Sie zum Beispiel durchschnittlich 50 Prozent für eine flexible und rasche Kundenbetreuung brauchen, können und müssen Sie mindestens 50 Prozent Ihrer Zeit fest verplanen.

Bei der Wochenplanung dürfen Sie Ihre B-Aufgaben nicht vergessen. Planen Sie also auch die Zeit ein, die Sie für die Telefonakquisition und das Nachfassen brauchen. Hier empfehle ich Ihnen, entsprechende Zeitblöcke zu reservieren.

Nutzen Sie diese Zeitblöcke wie geplant und setzten Sie diese nicht leichtfertig für andere (ungeplante und unvorhergesehene) Tätigkeiten ein. In dieser Beziehung hilft, sich selbst unter Druck zu setzen. Führen Sie eine Nachfass- und Kontaktliste, setzten Sie sich klare Ziele in Bezug auf die Anzahl der aktiv vereinbarten Besuchstermine pro Woche.

Sollten Sie Ihren Nachfass- und Akquisitionsblock nicht einhalten können, ist es wichtig, diesen innerhalb einer angemessenen Frist nachzuholen und zu kompensieren. Wenn Sie Ihre Nachfass- und Kontaktliste zu lange nicht abarbeiten, wird diese immer länger. Ihr Frust und die Schwelle zum Anpacken wird mit jedem Tag größer. Damit wächst die Gefahr, dass Sie aufgeben und resignieren und von einer aktiven zu einer reaktiven Zeitplanung wechseln. Jetzt planen und bestimmen Sie Ihre Kontakte nicht mehr mehrheitlich selbst, sondern werden von Ihren Kunden und den Personen verplant, welche etwas von Ihnen wollen.

Denken Sie bei der Besuchsplanung an die Empfehlungen, die wir in Bezug auf die Terminvereinbarung am Telefon besprochen haben (Abschnitt 4.2). Schlagen Sie jeweils selbst den Besuchstermin mit Uhrzeit vor und legen Sie die Termine so, dass Sie Ihre Zeit optimal nutzen können. Aufgrund der gemachten Erfahrungen werden Sie mit der Zeit ein Terminraster entwickeln, welches die Wochenplanung vereinfacht und mehr Besuchstermine ermöglicht.

Achten Sie bei der Besuchsplanung auf die Distanzen. Je größer Ihr Verkaufsgebiet, umso wichtiger wird, wie Sie dieses Gebiet bearbeiten und betreuen. Eine Möglichkeit ist, ein großes Verkaufsgebiet in Unterregionen zu unterteilen. Fixieren Sie möglichst feste Regeln, indem Sie zum Beispiel bei vier Unterregionen die Wochentage Montag bis Donnerstag den Gebieten fest zuteilen und den Freitag als Büro- und Reservetag planen. Der Vorteil einer solchen Gebietsunterteilung liegt auf der Hand: Wenn ein Kunde einen Termin von Ihnen will, können Sie sofort den entsprechenden Tag vorschlagen, den Sie für diese Region vorgesehen haben. Wenn Sie anrufen, für den Kunden aber der nächste Reisetag in dieser Region nicht geht, schlagen Sie sofort den übernächsten Reisetag vor. Die Erfahrung zeigt sogar, dass sich manche Kunden Ihre Reisetage merken. Dann kann es passieren, dass ein Kunde Sie anruft und sagt: „Nächsten Dienstag sind Sie doch wieder in unserer Region. Ich möchte mit Ihnen ein Objekt besprechen. Können Sie bei mir vorbeischauen?"

Mit einer geschickten Besuchs- und Tourenplanung minimieren Sie Ihre Fahrtzeiten. Resultat: Ihre verkaufsaktive Zeit steigt!

6.3 Das Finden und Verfolgen von persönlichen Zielen

Auf dem Weg zur Spitze ist die Zeitplanung sehr wichtig. Aber aufgepasst und nie vergessen: Zeitmanagement ist Mittel zum Zweck – um Ihre Verkaufsziele zu erreichen! Dieser Aspekt wird treffend durch ein alte Lebensweisheit verdeutlicht:

Merke

Nur wer sein Ziel kennt, der findet auch seinen Weg!

Entscheidend ist, dass Sie Ihr Ziel sehr genau kennen. Nur so werden Sie es tatsächlich erreichen. Erfolgreiche Menschen wissen fast immer, was sie als Nächstes erreichen wollen. Als Top-Verkäufer brauchen Sie konkretere Ziele, als nur die Vorstellung, erfolgreich zu sein.

Wie können und sollen die Ziele im Verkauf geplant werden? Als Verkäufer haben Sie in der Regel ein vorgegebenes Budget, aus welchem sich klare Zielsetzungen ergeben. Im Vordergrund steht der zu erzielende Umsatz (mit oder ohne Marge beziehungsweise Deckungsbeitrag). Umsatz und Deckungsbeitrag sind sogenannte Endziele. Also Ziele, die bis zum Ende einer definierten Zeitperiode (in der Regel das Geschäftsjahr) zu erreichen sind. Wichtig ist, dass die Zielerreichung während des Jahres laufend überprüft und kontrolliert wird. Üblich sind die Auswertung von Monats- und Quartalszahlen (im Vergleich zu Budget und Vorjahr). Wenn die Verkaufszahlen auf Kurs oder sogar besser sind, gibt dies Sicherheit und Motivation. Liegt der Trend hingegen darunter, gilt es, rechtzeitig Maßnahmen zu überlegen und einzuleiten, welche die Zielerreichung bis Ende des Jahres sichern.

Neben Endzielen empfehle ich Ihnen, auch Leistungsziele zu planen. Was ist der Unterschied?

Das Arbeiten mit End- und Leistungszielen ist im Spitzensport üblich. Whitmore (1994: 67f) gibt hier ein anschauliches Beispiel aus dem Schwimmsport. John Nabor beobachtete als amerikanischer College-Neuling, welcher gerade die nationalen Juniorenmeisterschaften gewonnen hatte, wie Mark Spitz bei der Olympiade 1972 in München sieben Goldmedaillen gewann. John Nader setzte sich sofort ein klares Endziel: An der nächsten Olympiade 1976 wollte er Gold über 100 Meter Rücken gewinnen! Jetzt machte er sich natürlich auch Gedanken, mit welcher Zeit dieses Ziel überhaupt zu erreichen war, und setzte sich ein Leistungsziel: 5 Sekunden schneller als seine damalige persönliche Bestzeit und neuer Weltrekord!

Wer den Schwimmsport kennt, weiß, dass fünf Sekunden über hundert Meter eine enorme Leistungssteigerung bedeuten. Auf den ersten Blick eigentlich unmöglich. Dann machte sich John Nabor bewusst, dass er für diese Verbesserung von 5 Sekunden vier Jahre Zeit hatte. Pro Jahr musste er um 1.25 Sekunden, pro Monat um 0,1 Sekunden, pro Trainingsstunde gerade noch um ein Fünftel eines Wimpernschlages schneller werden. Er spürte, dass das möglich war.

In den folgenden vier Jahren trainierte er hart und konzentrierte sich auf sein Leistungsziel. An der nächsten Olympiade 1976 in Montreal gewann John Nabor tatsächlich über 100 Meter Rücken Gold in Weltrekordzeit. Und über 200 Meter Rücken holte er sich sogar eine zweite Goldmedaille mit neuem olympischen Rekord!

Was wird mit diesem Beispiel deutlich? Leistungsziele haben wir eher unter Kontrolle, Endziele können von äußeren, unvorhergesehenen Bedingungen beeinflusst werden. John Nabor hätte die geplante Zeit schwimmen und trotzdem verlieren können. Wenn ein anderer Schwimmer noch schneller gewesen wäre!

Wichtige Endziele sollten durch entsprechende Leistungsziele abgestützt werden. Und durch die systematischen Tätigkeiten (= Prozesse), um diese zu erreichen. Damit steigen die Erfolgschancen.

Was bedeutet dies nun für den Verkauf? In Bezug auf die Budgeterreichung müssen Sie sich immer überlegen, wie Sie dieses Endziel erreichen, und entsprechende Leistungsziele definieren:

- Angenommen, Sie kommen zum Schluss, dass Sie zur Erreichung Ihres Verkaufsbudgets 100.000 Euro mit neuen Kunden erzielen müssen. Pro Neukunde sind durchschnittlich 10.000 realistisch. Also müssen Sie zehn Neukunden gewinnen. Aus Erfahrung wissen Sie, dass nur jeder dritte der von Ihnen besuchten Neukunden im ersten Jahr einen nennenswerten Umsatz machen wird. Somit müssen Sie dreißig Neukundengespräche führen, um das Ziel zu erreichen. Die Erstgespräche sollten möglichst früh im Jahr durchgeführt werden, zum Beispiel in den ersten drei Monaten. Damit ist das Leistungsziel klar: In den ersten drei Monaten Durchführung von jeweils zehn Erstgesprächen mit potenziellen Neukunden!
- Neben eingeführten Produkten könnte zur Zielerreichung auch die Lancierung beziehungsweise Förderung neuer Produkte nötig sein. Jetzt müssen Sie sich überlegen, bei welchen Kunden und wie Sie diese in den Markt bringen. Eine Möglichkeit wäre die Durchführung von Produktschulungen bei Kunden. Damit bis Ende Jahr 100.000 Umsatz möglich werden, rechnen Sie mit zwölf Schulungen. Wenn Sie diese in den ersten vier Monaten durchführen wollen, ergibt dies pro Monat drei Schulungstermine!
- Bei Systemanbietern ist je nach Branche eine Objektbearbeitung wichtig. Viele Systeme können nur dann verkauft werden, wenn diese bereits in der Planungsphase berücksichtigt und ausgeschrieben werden. Dazu müssen die planenden und ausschreibenden Stellen entsprechend beraten werden.

Die Objektbearbeitung bringt selten einen kurzfristigen Erfolg. Je größer ein Objekt, umso länger dauert es von der Planung bis zur Realisierung. Ausschreibungsberatungen in diesem Jahr werden deshalb meist erst in den nächsten Jahren zu Verkäufen führen. Wenn ein Verkäufer aber mittel- und langfristig denkt, muss er bereits heute die Voraussetzungen für seine zukünftigen Umsätze schaffen.

Die Objektbearbeitung soll (wo nötig und sinnvoll) systematisch geplant und organisiert werden. Für Abklärungen und Telefonate (typische B-Aufgaben!) müssen Zeitblöcke reserviert und realistische Leistungsziele definiert werden, welche neben den übrigen Verkaufstätigkeiten (Kundenbetreuung und -unterstützung, Angebote nachfassen und Aufträge holen etc.) erreichbar sind. Hier ein in der Baubranche denkbares Leistungsziel als Beispiel: Jede Woche vereinbare ich im Hinblick auf konkrete Bauobjekte zwei Beratungstermine bei Architekten oder Planern. Pro Monat werden im Schnitt mindestens fünf neue Objekte mit meinen Systemen ausgeschrieben.

Spüren Sie bereits (analog zu John Nabor) die Magie von definierten Leistungszielen, welche Sie mit einem vorstellbaren, systematischen Tätigkeitsprozess untermauern? Wenn Sie wissen,

- was Sie erreichen wollen und
- was Sie dafür tun müssen, um dies zu erreichen,

wird alles wesentlich klarer und einfacher. Jetzt haben Sie einen Weg vor Augen mit Wegweisern und Vorgaben sowie Leistungs- und Etappenzielen. Die Umsetzung braucht natürlich die entsprechende Disziplin und Beharrlichkeit. Denken Sie immer an die Worte von Buddha:

Das Geheimnis des außerordentlichen Menschen ist in den meisten Fällen nichts mehr als Konsequenz!

7.
Einstellung: So denken Top-Verkäufer

Wie im Spitzensport gilt auch im Verkauf:

Merke
Der Erfolg beginnt im Kopf!

Ihr Denken ist der zentrale Schlüssel auf Ihrem Weg zum Top-Verkäufer. Die Bedeutung der Gedanken haben wir in allen Kapiteln immer wieder betont und verdeutlicht. Im letzten Teil des Buches wollen wir nun die wichtigsten Aspekte und Grundsätze in Bezug auf diesen zentralen (mentalen) Erfolgsfaktor zusammenfassen und vertiefen. Denn: ***Mental wird real!***

7.1 Die Macht der Gedanken

Unsere Gedanken haben eine enorme Macht. Wir aber haben die Macht, unsere Gedanken zu steuern. Deshalb gilt:

Passen Sie auf, was Sie denken. Gedanken sind nicht nichts, es sind in uns wirkende Kräfte. Gedanken haben die Tendenz, in Erfüllung zu gehen!

Ihre Gedanken laufen zu einem großen Teil unbewusst ab. Auch wenn Sie bewusst versuchen, Ihre Worte zu kontrollieren und sehr sorgfältig argumentieren, Ihre Einstellung und Ihr emotionaler Zustand kommen in der Stimme und Körpersprache zum Ausdruck, was der Kunde wahrnimmt und spürt. Denn wie wir wissen gilt:

Merke
Nicht was, sondern wie ich etwas sage, ist entscheidend!

Das Wie wird vom Kunden zwar in der Regel nur auf einer unbewussten Ebene wahrgenommen, aber es wirkt – und wie!

Die Einstellung und damit die Gedanken drücken sich auch in den Eigenschaften, Merkmalen und Verhaltensweisen von Top-Verkäufern aus. Diese haben wir im ersten Kapitel kennengelernt. In diesem Zusammenhang machte ein (erfahrener und erfolgreicher) Verkäufer in einem Firmentraining eine interessante Aussage: „Als Verkäufer muss man auch etwas masochistisch veranlagt sein!"

Ich habe den Verkäufer natürlich sofort gefragt, wie er das meint. Hier seine Antwort: „Nehmen wir beispielsweise einen Arbeitstag mit schönem Wetter. Der letzte Termin ist um 16.30 Uhr beendet. Man könnte jetzt gemütlich nach Hause fahren, etwas von der Überzeit kompensieren und den Feierabend genießen. Auf der Rückfahrt fährt man zufällig am Firmensitz eines (potenziellen) Kunden vorbei, bei dem man bisher wenig Erfolg hatte. Dabei bemerkt man, dass das Auto des Inhabers und Leiters vor der Tür steht. Spontan hält man an und wagt einen unangemeldeten Besuch. Siehe da, der Kunde nimmt sich Zeit. Es entwickelt sich ein sehr gutes Gespräch, das bis um 18.30 Uhr dauert. Überzeit kompensieren ist kein Thema mehr, auf den Feierabend freut man sich umso mehr."

Ein anderes Beispiel kann ich anhand eines Umsetzungsberichtes in einem Basistraining „Erfolgreich verkaufen" illustrieren. Im dritten Intervall erzählte ein Teilnehmer folgende Geschichte:

„Am letzten Dienstag war ich im Verkaufsgebiet Wallis. Viele Erstbesuche (ich habe das Gebiet ja neu übernommen), meistens sehr positive Kontakte. Ein Kunde jedoch, den ich vor seiner Werkstatt getroffen habe, meinte nach meiner Begrüßung: ‚Ihr Vorgänger hat sich über zehn Jahre nicht bei mir blicken lassen. Mit Ihnen möchte ich es genauso handhaben!' Dreht sich um und geht.

Ich war völlig sprachlos und perplex. Nicht mal eine Chance hat er mir gegeben und ich war doch die Freundlichkeit in Person. Meine Erkenntnis: Man kann nicht alle Kunden bekommen."

Nachdem der Teilnehmer seine Geschichte abgeschlossen und den Applaus (für seinen Umsetzungsbericht) sichtlich genossen hatte, intervenierte ich:

I: *Das war wirklich ein interessantes und gutes Beispiel von dir. Klar verstehe ich deine Reaktion und Interpretation. Mir wäre es wahrscheinlich in meinem ersten Jahr im Verkauf auch so ergangen. Aber wenn man auf diese Situation vorbereitet gewesen wäre, hätte man vor Ort doch noch versuchen können, auf seine Aussage einzugehen.*

V: *Der wollte doch gar nicht, er ist ja schon davongelaufen.*

I: *Sobald man sieht, dass er sich abdrehen will, hätte man sofort reagieren müssen, zum Beispiel so: Unglaublich – zehn Jahre? Das möchte ich gerne ändern. Geben Sie mir eine Chance!*

V: *Stimmt, das wäre eine Möglichkeit gewesen. Aber ich war wirklich sprachlos.*

I: *Völlig verständlich. Was könntest du jetzt noch tun?*

V: *Nochmals einen Anlauf nehmen. Und wenn er mich wieder abwimmeln will, sagen, dass ich mit ihm gerne die Möglichkeiten einer Zusammenarbeit prüfen möchte.*

Fazit aus dieser Geschichte: Nie zu schnell aufgeben. Wenn etwas nicht wie erwartet funktioniert, etwas anderes probieren!

In vielen Situationen gibt es bei Verkäufern (bewusst oder unbewusst) vorgefasste Meinungen mit unzweckmäßigen (blockierenden) Glaubens- und Überzeugungssätzen. Die Interpretation der Situation und das daraus resultierende Verhalten mit dem jeweiligen Ergebnis ist damit vorprogrammiert.

Dass unser Denken in einer bestimmten Situation die resultierenden Ergebnisse entscheidend beeinflussen kann, ist eine bekannte Erkenntnis. In diesem Zusammenhang spricht man vom Phänomen der sich selbst erfüllenden Prophezeiung. Dieses Phänomen ist sogar wissenschaftlich bestätigt. In der Medizin kennt man den sogenannten Placebo-Effekt. Aus

Untersuchungen weiß man, dass ein Medikament nicht nur über den Wirkstoff, sondern auch über die Einstellung und den Glauben der Patienten wirken kann. Deshalb wird bei der Zulassung von neuen Medikamenten verlangt, dass die Wirkung in einem Blindversuch nachgewiesen wird. In der sogenannten „klinischen Phase" werden deshalb Patienten gesucht, bei welchen das neue Medikament einen besseren Heilungserfolg (als bisherige Medikamente) verspricht. Die Patienten, welche an diesem Versuch teilnehmen, werden dann in zwei vergleichbare Gruppen eingeteilt. Die eine Gruppe bekommt das neue Medikament, die andere Gruppe aber etwas, was zwar gleich aussieht, aber den Wirkstoff gar nicht enthält (= Placebo).

Beide Gruppen werden jetzt über den gleichen Zeitraum, in gleicher Weise behandelt. Bei der Auswertung der Ergebnisse zeigt sich meist, dass bei beiden Gruppen im Durchschnitt eine Verbesserung des Gesundheitszustandes eintritt. Erst wenn die Verbesserung in der Gruppe der Patienten, die den neuen Wirkstoffes bekommen haben, gegenüber der Kontrollgruppe (die den Wirkstoff gar nicht bekommen hat und trotzdem eine Verbesserung zeigt) signifikant ist, gilt das neue Medikament als wirksam. Eine Verbesserung allein genügt also nicht. Die Verbesserung könnte ja nicht durch den Wirkstoff, sondern durch den Placebo-Effekt verursacht worden sein!

Die Bedeutung des Denkens ist seit Langem bekannt und wird in unzähligen Büchern beschrieben. Nach meiner Erfahrung sind Top-Verkäufer konstruktiv, ziel- und lösungsorientiert, initiativ und anpackend. Viele Situationen hinterfragen sie und suchen regelmäßig nach Verbesserungsmöglichkeiten.

Top-Verkäufer haben (bewusst oder unbewusst) folgendes Denken
Ich bin gut – aber ich kann und will noch besser werden!

7.2 Das Erfolgsrad

Wie können Sie nun die Macht der Gedanken nutzen? Überprüfen Sie Ihre Gedanken und steuern Sie diese bewusst, damit Sie sich möglichst oft in einem positiven (förderlichen beziehungsweise beflügelnden) Gemütszustand befinden. Dazu ist entscheidend, dass Sie sich auf das konzentrieren, was Sie wollen, und nicht darauf, was Sie nicht wollen. Und dass Sie die entsprechenden Überzeugungs- und Glaubenssätze haben, welche den Erfolg überhaupt ermöglichen (siehe Meierhofer und Seßler 2000).

„Der Mensch ist das, woran er glaubt", wusste schon Anton Tschechow (1860 bis 1904). Überzeugungs- und Glaubenssätze sind geprägt durch die Summe der persönlichen Erfahrungen und der daraus abgeleiteten Erkenntnisse. Sie haben somit nicht nur mit der Erfahrung an und für sich zu tun, sondern auch mit unserer Wahrnehmung und Interpretation. Je nachdem, wie Erfahrungen interpretiert und wahrgenommen werden, gelangt man zu unterschiedlichen Erkenntnissen, woraus Überzeugungs- und Glaubenssätze entstehen. Diese können durch ein bewusstes Denken verändert, ausgetauscht oder verbessert werden.

Wenn Sie davon ausgehen, dass eine Aufgabe nicht lösbar beziehungsweise eine Zielsetzung nicht erreichbar ist, befinden Sie sich bereits in einer vorbestimmten Problemerwartung. Ihr Handeln ist entsprechend wenig aktiv, zielstrebig und zuversichtlich, was zu einem unbefriedigenden Resultat führen wird. Dies werten Sie jetzt als Misserfolg und als Bestätigung Ihrer Befürchtungen und Erwartungen, was wiederum Ihre negativen Glaubens- und Überzeugungssätze verstärkt: Ich habe ja gewusst, dass es nicht geht! Damit hat die Negativspirale begonnen. Misserfolge ziehen weitere Misserfolge nach sich.

Bei Top-Verkäufern sieht die Denkspirale ganz anders aus. Dank der richtigen Einstellung und erfolgsfördernder Glaubens- und Überzeugungssätze befinden sie sich in einer Positivspirale. Sie setzten sich klare Ziele und glauben daran, dass sie es schaffen werden. Dadurch setzen sie immer wieder genügend Potenzial und Ressourcen frei, was schlussendlich zum Erfolg führt.

Natürlich gelingt nicht alles auf Anhieb. Rückschläge und Misserfolge gehören dazu. Lassen Sie sich aber nicht zu schnell entmutigen. Geben Sie nicht gleich auf, sondern nutzen Sie weitere Möglichkeiten und Maßnahmen, um das Ziel zu erreichen.

Dreh- und Angelpunkt der Denkspirale und damit die Nabe, um die sich alles dreht, ist das jeweilige Ziel. Bildlich dargestellt ergibt sich ein Rad – das Erfolgsrad!

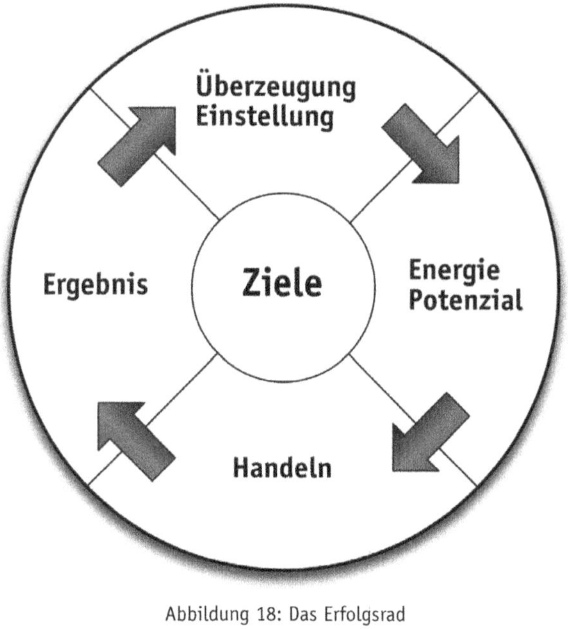

Abbildung 18: Das Erfolgsrad

Ob sich das Rad in die positive oder in die negative Richtung dreht, hängt von der jeweiligen Einstellung, den Glaubens- und Überzeugungssätzen ab. Natürlich sind Ihre Einstellung und der Glaube an den Erfolg keine Garantie dafür, dass Sie nur noch Erfolg haben. Aber es ist die entscheidende Voraussetzung!

Wie positiv Ihre Einstellung ist und ob Sie tatsächlich die richtigen (sprich hilfreiche und fördernde) Überzeugungs- und Glaubenssätze haben, erkennen Sie am besten daran, wie Sie mit Misserfolgen umgehen. Angenommen, Sie haben ein positives, zielorientiertes Denken. Sie setzen sich zum Beispiel als Ziel, einen interessanten, mittelgroßen Kunden, der heute wenig bis gar nichts bei Ihnen kauft, zu gewinnen. Sie sind überzeugt von Ihren Produkten und Möglichkeiten, haben genügend Erfolgserlebnisse und nutzen Ihre Energie und Fähigkeiten. In einem ersten Schritt versuchen Sie mit der Zielperson einen Termin zu vereinbaren. Trotz wiederholten Anläufen gelingt es Ihnen jedoch nicht. Sie werden vom Kunden am Telefon vertröstet: „Momentan ist es ungünstig, rufen Sie mich doch in vier Wochen wieder an." Sie melden sich telefonisch wie abgemacht, jetzt wird Ihnen aber durch die Assistentin ausgerichtet, dass ein Wechsel des Lieferanten kein Thema sei und sich deshalb ein Termin erübrige.

Was machen Sie jetzt? Geben Sie auf oder versuchen Sie es über einen anderen Kanal beziehungsweise mit einem anderen Aufhänger? Klar müssen Sie irgendwann entscheiden, ob sich ein weiterer Zeitaufwand lohnt. Aber geben Sie nicht zu früh auf! Wenn der Kunde wirklich interessant ist und Sie überzeugt sind, dass Sie dank Ihren Ideen und Möglichkeiten eine gute Chance haben, mit diesem ins Geschäft zu kommen, müssen Sie auch in dieser Situation – trotz Misserfolg – weitermachen.

Hier hilft Ihnen ein weiterer wichtiger Grund- und Merksatz
Es gibt keine Misserfolge, nur Ergebnisse!

Wenn Sie etwas versuchen und es misslingt, ist dies kein Misserfolg, sondern ein Ergebnis. Es ist die Erkenntnis, dass es so (auf diese Art) nicht geht, also ein Resultat. Und jetzt müssen Sie einfach etwas anderes probieren. Fragen Sie sich deshalb:

- Aus welchen Gründen hat es nicht funktioniert?
- Was für andere Möglichkeiten gibt es, um doch noch zum Ziel zu kommen?
- Wie gehe ich am besten vor?

Sobald Sie Gründe und weitere Möglichkeiten erkennen, haben Sie eine nächste Erfolgschance. Und diese Chancen gilt es (motiviert und mit Überzeugung) anzupacken und zu nutzen.

An dieser Stelle frage ich meine Trainingsteilnehmer immer wieder: Wie buchstabiert man eigentlich Erfolg? Meine Antwort: Tun!

Oder als Merksatz
Erfolg = Tun!

Solange Ihnen noch etwas einfällt und Sie etwas tun, haben Sie eine Erfolgschance. Sobald Sie aufgeben, haben Sie verloren.

Ihr Anpacken und Tun ist die Erfolgsvoraussetzung, aber noch keine Erfolgsgarantie. Entscheidend ist, dass Sie Ihre persönlichen Ressourcen und Fähigkeiten richtig einsetzen und nutzen. Denn je geschickter und besser Ihr Tun, desto größer Ihre Erfolgschancen.

Top-Verkäufer geben nicht so schnell auf und haben eine ausgeprägte und überdurchschnittliche Leistungsbereitschaft. Damit bewahrheitet sich auch hier einmal mehr der Volksmund: ***Ohne Fleiß kein Preis!***

Aber Achtung: Entscheidend ist nicht nur, wie viel Sie tun, sondern auch, was und wie. Wenn Sie wirklich zum Spitzenverkäufer werden wollen, genügt Fleiß alleine nicht. Sie müssen auch bereit sein, sich ständig weiterzuentwickeln und Ihre Gewohnheits- und damit Ihre Komfortzone zu verlassen. Viele Verkäufer wissen genau, was sie zum Beispiel in Bezug auf die Akquisition tun müssten. Trotzdem packen Sie es nicht wirklich an und konzentrieren sich auf andere Aktivitäten. Wenn man sich nach dem Stand der geplanten Akquisitionsaktivitäten erkundigt, hört man Aussagen wie:

- Ich hatte leider keine Zeit,
- Mir kam etwas dazwischen,
- Ich musste leider etwas Wichtigeres vorziehen,
- Ich musste Prioritäten setzen.

Hinterfragt man diese Aussagen, stellt sich heraus, dass diese Begründungen nur vorgeschoben sind. Die wirklichen Gründe liegen in der fehlenden Bereitschaft, die Komfortzone zu verlassen und den inneren Schweinehund zu überwinden.

7.3 Komfort-, Lern- und Panikzone

Jeder Mensch hat seine eigene, individuelle **Komfortzone**. In diesem Bereich fühlt er sich sicher, weil Erfahrungen und Wissen vorhanden sind. Alles ist vertraut, bekannt und beherrschbar. Er handelt selbstsicher und routiniert und ist sich seiner Stärken und Fähigkeiten bewusst. Grundlegend neue Erfahrungen sind in der Komfortzone jedoch nicht möglich.

Außerhalb der Komfortzone beginnt die eigentliche **Lernzone**. In diesem Gebiet befindet sich alles, was unbequem, unvorhersehbar und unsicher erscheint. Dort sind die Dinge, die man schon längst hätte tun sollen, aber immer vor sich hergeschoben hat. In diesem Bereich sind aber auch all die vielen reizvollen Dinge, die man schon immer einmal tun wollte, die Abenteuer versprechen, neu und aufregend sind. Sich in diesen Bereich vorzuwagen, ist mit Unsicherheit und Angst verbunden und auch mit dem Risiko, zu versagen. Eine Weiterentwicklung ist nur in der Lernzone, also außerhalb der Komfortzone möglich:

Merke

Wenn ich mich weiterentwickeln will, muss ich meine Komfortzone verlassen!

In der Lernzone haben Sie die Möglichkeit, an einer Aufgabe zu wachsen, Neues über sich und das Leben zu lernen. Indem Sie sich ein Stück aus dem Komfortbereich herausbegeben, werden Sie neue Erfahrungen machen, die zum vorhandenen Erfahrungsschatz hinzugefügt werden können. Sind diese Erfahrungen positiv, wird Ihre eigene Komfortzone wachsen.

Wenn Sie sich zu einem Top-Verkäufer entwickeln wollen, müssen Sie lernen, Ihren inneren Schweinehund zu überwinden und die Komfortzone zu verlassen. Denn es gilt:

Merke

Wenn du immer nur das tust, was du heute kannst, wirst du immer das bleiben, was du heute bist!

Was hilft Ihnen, die Komfortzone zu verlassen? Zum Beispiel Veränderungs- und Entwicklungswille, Neugier, Risikobereitschaft, Erfolgshunger. Je mehr diese Faktoren gegeben sind, umso eher werden Sie etwas außerhalb der Komfortzone anpacken und tun. Wer Spitzenleistungen erbringen will, muss bereit sein, die Komfortzone zu verlassen. Wer nicht bereit ist, die Komfortzone zu verlassen, kann keine Spitzenleistungen erzielen! Aber aufgepasst: Veränderungen und Entwicklungen müssen schrittweise und richtig dosiert erfolgen. Wenn Sie zu viel auf einmal wollen (oder müssen) und praktisch alles in Bezug auf Ihre vorhandenen Erfahrungen und Fähigkeiten Neuland ist, beginnt die **Panikzone**. Der psychische Druck wird enorm, die Gefahr der Überforderung akut und das Risiko zu scheitern steigt. Versagenserfahrungen können dann dazu führen, dass die Grenzen des Komfortbereichs verstärkt werden. Ein erneutes Heraustreten aus dieser Zone wird jetzt umso schwerer.

Die Abgrenzung zwischen den verschiedenen Zonen ist sehr subjektiv und relativ. Wo die Komfortzone endet und die Lern- beziehungsweise die Panikzone beginnt, bestimmen letztlich Sie selbst. Allgemein gilt folgende Aussage: Wenn Sie sich weiterentwickeln und Ihren Verkaufserfolg steigern wollen, müssen Sie die Komfortzone verlassen. Haben Sie Mut und wagen Sie etwas, auch wenn es für Sie neu und ungewohnt ist. Loten Sie Ihre Grenzen aus, gehen Sie Risiken ein – aber vernünftig und kontrolliert!

Auch im Spitzensport ist diese Erkenntnis nicht neu. Ralph Krueger war in der Schweiz während einer langen und erfolgreichen Zeit Trainer der Eishockey-Nationalmannschaft. In seinem Buch *TIMELIFE: Über Niederlagen zum Erfolg* beschreibt er, wie er bei der Auswahl und Zusammenstellung der Nationalmannschaft vorgegangen ist und welches seine Trainingsgrundsätze waren.

Im Eishockey ist sofort klar, was mit Verlassen der Komfortzone gemeint ist:

- Voller Körpereinsatz
- Einem Check nicht ausweichen, auch wenn der Gegner größer und stärker ist
- Den Torhüter abschirmen und sich in einen Schuss werfen – auch wenn der Puck mit Spitzen von bis zu 170 km/h daherkommt
- Kämpfen bis zum Umfallen

Was heißt es im Verkauf, die Komfortzone zu verlassen? Hier einige Beispiele:

- Trotz guter Zahlen und einer guten, treuen Kundschaft immer noch Zeit für die Akquisition planen und einsetzen
- Bereitschaft für einen überdurchschnittlichen Zeiteinsatz, auch wenn er teilweise zulasten der Freizeit geht

- Neugierig sein, Neues lernen, sich weiterbilden
- Auch privat und in der Freizeit Augen und Ohren offenhalten zum Erkennen und Nutzen von Kontakt- und Verkaufschancen
- Bei der Akquisition trotz Widerständen und ablehnenden Signalen dranbleiben und versuchen, den Kunden zu gewinnen
- Aus Misserfolgen lernen und weitermachen. Fehler dabei nicht primär bei anderen suchen, sondern auch in Bezug auf die eigenen Verhaltens- und Vorgehensweisen. Wichtige Fragen sind hier: Was lerne ich daraus? Was kann ich zukünftig anders und besser machen? Was für Möglichkeiten haben ich jetzt noch, um doch noch zum Erfolg zu kommen? Diese Fragen sind unangenehm, bringen aber letztlich sehr viel!

Eignen Sie sich folgende Arbeitsweisen an:
- Nicht nur zu den Kunden gehen, die einen wollen, sondern auch aktiv Zielkunden planen und angehen. Auch wenn diese sich ablehnend verhalten
- Bei geforderten Preisnachlässen nicht sofort nachgeben, sondern verhandeln und um seine Preise kämpfen
- Seine Arbeits- und Verhaltensweisen ständig überprüfen und versuchen, sich zu verbessern
- Nicht immer alles machen und tun, was Kunden wollen und erwarten. Auch einmal (elegant und geschickt) Nein sagen können
- Bei einem Nein des Kunden nicht aufgeben, sondern weiterkämpfen – auch wenn die Widerstände groß sind
- Kunden, die nur nehmen (Angebote, Beratungen, etc.), aber nichts (oder zu wenig) geben (also kaufen) darauf ansprechen: Ist der Kunde wirklich bereit, mit uns zusammenzuarbeiten, oder werden wir einfach ausgenützt? Gibt es Möglichkeiten für eine Zusammenarbeit im beiderseitigen Interesse? Wenn nicht, machen Anfragen und Beratungen auch keinen Sinn mehr. Solche Grundsatzgespräche sind nicht einfach und viele Verkäufer schrecken davor zurück. Geschickt geführt, bringen sie aber viel.

7.4 Grundwerte von Top-Verkäufern

Top-Verkäufer haben ein gesundes Selbstbewusstsein und viel Selbstvertrauen. Trotz ihres Erfolges ist eine gewisse Bescheidenheit gegeben. Sie nehmen sich nicht zu wichtig und haben die nötige Achtung und Respekt gegenüber anderen Menschen, intern wie extern.

Dies zeigt, dass auch im Verkauf das sogenannte Werte- und Entwicklungsquadrat wichtig ist: Im menschlichen Zusammenleben können „... Werte (Qualitäten, Tugenden) nur dann eine konstruktive Wirkung entfalten, wenn sie in ausgehaltener Spannung zu einem Gegenwert gelebt und verwirklicht werden, zu einer komplementären ‚Schwestertugend', die geeignet ist, einer übertreibenden Entwertung des in Rede stehenden Wertes entgegenzusteuern" (Schulz von Thun et al. 2003: 52). Selbstsicherheit ist im Verkauf zwar gut, aber zu viel davon führt zu Arroganz und Überheblichkeit, womit der eigentlich gute Wert zu einem Unwert wird (= übertreibende Entwertung). Deshalb braucht es einen entsprechenden Gegenwert, welcher die Selbstsicherheit ausbalanciert und eine Übertreibung verhindert. Ein geeigneter Gegenwert ist die Bescheidenheit. Aber auch von dieser Schwestertugend kann man des Guten zu viel tun, was zu eindrucksschwacher Farblosigkeit und Unsicherheit führt. Auch das wäre wiederum ein Unwert.

Was heißt das jetzt für Sie auf Ihrem Weg zum Top-Verkäufer? Erkennen Sie Ihre Werte (Qualitäten und Tugenden), die Sie auszeichnen und von denen Sie eher zu viel haben. Suchen und entwickeln Sie jeweils bewusst einen entsprechenden Gegenwert, welcher Ihren (zu) starken Wert ausbalanciert.

Ein sinnvolles Wertepaar haben wir schon kennengelernt: Selbstsicherheit und Bescheidenheit. Hier ein weiteres Beispiel. Nehmen wir an, eine Ihrer Stärken ist die technische Fachkompetenz. Jetzt besteht die Gefahr, dass Sie diese Stärke übertreiben. Damit können Sie zum Besserwisser werden, Sie belehren andere ständig und machen natürlich alles am liebsten selbst.

Eine weitere Gefahr besteht darin, dass Sie meinen, nur mit einer guten technischen Unterstützung der Kunden Erfolg haben zu können. Ihre Kunden werden das sehr schätzen und nutzen, was Ihre Überzeugung in Bezug auf die Notwendigkeit und Wichtigkeit der technischen Beratung und Unterstützung weiter verstärkt. Jetzt brauchen Sie für die technische Beratung und Unterstützung immer mehr Zeit, die Entwicklung Ihres Verkaufsgebietes und Ihrer Verkaufszahlen werden darunter leiden.

Um diese Entwicklung zu vermeiden, brauchen Sie einen entsprechenden Gegenwert, mit dem Sie eine übertreibende Entwertung der technischen Unterstützung vermeiden.

Zum Beispiel:
- Ich konzentriere mich auf das Wesentliche. Oder:
- Ich muss nicht alles selbst machen. Oder:
- Je mehr der Kunde selbst weiß und kann, umso besser.

Spitzenverkäufer haben einen ausgeprägten Erfolgshunger. Auch dafür braucht es einen Gegenwert. Wer nur den Verkaufserfolg sieht und alles andere vergisst, lebt gefährlich. Eine übertriebene und einseitige Leistungsorientierung kann bis zum Burn-out führen. Sinnvolle Wertepaare, mit welchen eine übertriebene Erfolgsorientierung ausbalanciert werden kann, sind zum Beispiel:
- Verkaufserfolg ist wichtig – Privatleben auch!
- Nachhaltiger Erfolg im Beruf basiert auf einem ausgeglichenen Privatleben!
- Spitzenleistungen im Verkauf bedingen Erholung und Entspannung!

7.5 Fazit

Passen Sie auf, was Sie denken. Achten Sie auf Ihre Gedanken. Konzentrieren Sie sich auf das, was Sie (erreichen) wollen, und setzten Sie sich klare Ziele. Erkennen Sie blockierende und hemmende Glaubens- und Überzeugungssätze und suchen Sie Möglichkeiten, diese zu erweitern oder gegen einen fördernden Glaubenssatz auszutauschen.

Planen Sie Ihre Aktivitäten potenzialorientiert, setzen Sie Prioritäten und machen Sie nicht alles (selbst). Haben Sie den Mut, etwas zu wagen. Getreu nach dem Grundsatz

Grundsatz
Probieren geht über studieren!

Freuen Sie sich an Ihren Erfolgen und versuchen Sie diese (mit anderen Kunden) zu duplizieren. Lernen Sie aus Misserfolgen und probieren Sie andere Wege, um Ihr Ziel zu erreichen. Seien Sie offen für Ideen von anderen.

Erkennen und nutzen Sie Ihre zentralen Stärken und Tugenden. Entwickeln Sie für jeden dieser Werte den entsprechenden Gegenwert, um eine übertreibende Entwertung zu verhindern.

Damit sind Sie auf Ihrem persönlichen Weg zum Top-Verkäufer. Alles Gute und viel Erfolg!

Literaturverzeichnis

Altmann, Hans Christian (2006): Kunden kaufen nur von Siegern! Wie Sie als Verkäufer unwiderstehliche Ausstrahlungskraft erreichen, Kunden begeistern und Ihren Umsatz explodieren lassen. Redline Wirtschaft.

Bettger, Frank (2011): Lebe begeistert und gewinne. Das Erfolgsbuch für Verkäufer. Oesch Verlag, 46. Auflage.

Christiani, Alexander: Sprachmuster des Überzeugens. Was unterscheidet die besten Verkäufer vom Durchschnitt? Christiani Consulting, DVD mit Videomitschnitt vom Salesforum. Düsseldorf.

Fisher, Roger; William Ury; Bruce Patton (2004): Das Harvard-Konzept. Der Klassiker der Verhandlungstechnik. Campus Verlag, 22. Auflage.

Hagmaier, Ardeschyr (2005): Heute akquirieren – sofort profitieren. Systematisch neue Kunden und Aufträge gewinnen. Gabler Verlag.

Häusel, Hans-Georg (2012): Brain View. Warum Kunden kaufen. Rudolf Haufe Verlag, 3. Auflage.

Hermann-Ruess, Anita (2007): Sell Limbic – Einfach verkaufen. BusinessVillage Verlag.

Krueger, Ralph (2001): TEAMLIFE. Über Niederlagen zum Erfolg. Werd Verlag.

Limbeck, Martin (2011a): Das neue Hardselling. Verkaufen heißt verkaufen – So kommen Sie zum Abschluss. Gabler Verlag, 4., ergänzte Auflage.

Limbeck, Martin (2011b): Nicht gekauft hat er schon. So denken Top-Verkäufer. Redline Verlag.

Meierhofer, Lukas (2005): Q2F = Verkaufserfolg. Effizienter verkaufen im Aussendienst. Organisator 7-8/05. Sonderdruck im Internet: http://meierhofer-partner.ch/dokumentation/fachartikel/

Meierhofer, Lukas (2006): Aussendienst optimiert. Erfolgsformel Q2F umgesetzt. Organisator 12/06. Sonderdruck im Internet: http://meierhofer-partner.ch/dokumentation/fachartikel/

Meierhofer, Lukas (2009): Von Anfragen zu Aufträgen! Organisator 12/09. Sonderdruck im Internet: http://meierhofer-partner.ch/dokumentation/fachartikel/

Meierhofer, Lukas; Helmut Seßler (2000): Selbstmanagement. Erfolgreich mit sich selbst umgehen. MANAGER BILANZ 2/2000. Sonderdruck im Internet: http://meierhofer-partner.ch/dokumentation/fachartikel/

O'Connor, Joseph; John Seymour (2009): Neurolinguistisches Programmieren: Gelungene Kommunikation und persönliche Entfaltung. VAK Verlags GmbH, 2. Auflage.

Saxer, Umberto (2000): Bei Anruf Erfolg. Das Telefon-Powertraining. UEBERREUTER Verlag. 2008: Redline Wirtschaft, 4. überarbeitete und aktualisierte Auflage.

Scheelen, Frank M. (2011): So gewinnen Sie jeden Kunden. Das 1x1 der Menschenkenntnis im Verkauf. Redline Wirtschaft, 6. Auflage.

Sentürk, Jan (2008): Fachwissen ist uninteressant. Online-Artikel, BusinessVillage Verlag, Gratis-Online-Artikel: www.businessvillage.de/Fachwissen-ist-uninteressant/mag-539.html

Seßler, Helmut (2011): Limbic Sales. Spitzenverkäufe durch Emotionen. Haufe-Lexware Verlag.

Schimmel-Schloo, Martina; Lothar J. Seiwert; Hardy Wagner (2002): PersönlichkeitsModelle. Die wichtigsten Modelle für Coaches, Trainer und Personalentwickler: Alpha-Plus, Biostruktur-Analyse, DISG, Enneagramm, H.D.I., Insights MDI, Interplace, LIFO, MBTI, TMS. Gabal Verlag.

Schimmel-Schloo, Martina (2006): So sieht ein Top-Verkäufer aus! acquisa 02/06

Schulz von Thun, Friedemann; Johannes Ruppel; Roswitha Stratmann (2003): Miteinander reden: Kommunikationspsychologie für Führungskräfte. Rowohlt Taschenbuch Verlag.

Thieme, Kurt H.; Rainer Fischer; Michael Sostmann (2012): Preisdruck? Na und! Wie Spitzenverkäufer Preise erfolgreich durchsetzen. Avance Verlag, 5. Auflage.

Whitmore, John (1994): Coaching für die Praxis. Wilhelm Heyne Verlag. 2011: Verlag allesimfluss, neue Ausgabe.

VOLL SINN

Stefan Dudas
VOLL SINN
Nur was Sinn macht, kann uns erfüllen
1. Auflage 2017

264 Seiten; 24,95 Euro
ISBN 978-3-86980-394-4; Art-Nr.: 1033

Wenn man immer das tut, was scheinbar erwartet wird, stellen sich früher oder später die entscheidenden Fragen: Was mache ich eigentlich? Macht das Sinn? Ist das, was ich mache, wirklich Erfüllung?

Die Suche nach dem Sinn ist dringlicher denn je. Die Arbeitswelt verändert sich in atemberaubendem Tempo. »Sinn« wird zur Voraussetzung für Motivation. Das beginnen sogar die Unternehmen zu erkennen. Auf der einen Seite stehen wir als Mensch. Auf der anderen Seite buhlen Unternehmen, Kollegen, Freunde um unsere Aufmerksamkeit, unsere Zeit, unsere Energie. Wer all dem gleichermaßen gerecht werden will, wird früher oder später auf der Strecke bleiben.

Was liegt also näher als die Frage nach dem Sinn im Leben, dem Sinn im Business? Das sind keine romantischen Fragen für Träumer. «Sinn» ist das Ziel im Leben. Sich darauf einzulassen, ist die Herausforderung.

Stefan Dudas spricht in seinem neuen Buch Klartext. Humorvoll, aber immer tiefgründig zeigt er, wie jeder von uns mehr Sinn in sein Leben bringen kann. Nicht nur im Privatleben, sondern auch bei der Arbeit. Wenn Montag bis Freitag nur als Plackerei und eine eigentliche Lebenszeit-Verschwendung wahrgenommen wird, wird es höchste Zeit, etwas zu verändern. Schließlich geht es um nichts weniger als um Ihr Leben. Das macht VOLL SINN. Oder?

www.BusinessVillage.de

Resilienz

Denis Mourlane
Resilienz
Die unentdeckte Fähigkeit der wirklich Erfolgreichen
8. Auflage 2017

232 Seiten; 24,80 Euro
ISBN 978-3-86980-249-7; Art-Nr.: 940

Erfolgreiche Menschen haben eine Eigenschaft, die sie von anderen unterscheidet und doch sofort wahrnehmbar ist: Gelassenheit. Sie meistern schwierige Situationen scheinbar mit Leichtigkeit, persönliche Angriffe prallen an ihnen ab und selbst unter hohem Druck büßen sie ihre Leistungsfähigkeit nicht ein.

Was machen diese Menschen anders? Sie beherrschen die Gelassenheit im Umgang mit sich, mit ihren Mitmenschen und mit den Herausforderungen, die das Leben und ihre tägliche Arbeit für sie bereithalten. Eine Eigenschaft, nach der sich immer mehr Menschen sehnen und die in der heutigen Zeit immer bedeutender wird. Resiliente Menschen verbinden diese Fähigkeit mit einer erstaunlichen Zielorientierung, Konsequenz und Disziplin in ihrem Handeln und erreichen dadurch etwas, was sie von vielen anderen unterscheidet: persönlichen Erfolg UND ein sehr großes Wohlbefinden.

In einer der wahrscheinlich spannendsten Reisen, der Reise zu Ihrem eigenen Leben, bringt Ihnen Dr. Denis Mourlane das Konzept der Resilienz näher und zeigt Ihnen, wie Sie es in Ihren Alltag integrieren.